日拱一卒无有尽，功不唐捐终入海。

人人都是数据分析师系列

Excel 进阶指南

Power Pivot 与 Power Query 实战

袁佳林　著

人民邮电出版社

北京

图书在版编目（CIP）数据

Excel进阶指南：Power Pivot与Power Query实战 /
袁佳林著. -- 北京：人民邮电出版社，2024.7
（人人都是数据分析师系列）
ISBN 978-7-115-63041-4

Ⅰ. ①E… Ⅱ. ①袁… Ⅲ. ①表处理软件—指南
Ⅳ. ①TP391.13-62

中国国家版本馆CIP数据核字(2023)第204476号

内 容 提 要

本书从 Excel 的局限性讲起，然后从零开始详细介绍智能化 Excel 的两大组件：Power Pivot、Power Query。本书按照由易到难、由浅入深、循序渐进的教学方式，介绍 Excel BI 的 Power 系列组件的核心计算原理及底层逻辑，以实战案例为引导，清晰地讲解使用 Excel BI 进行数据分析的方法，为读者综合使用 Power Pivot、Power Query 实现自动化报表打下坚实的基础。

本书结构清晰、通俗易懂，讲解层层递进，适合 Power Pivot、Power Query 入门及进阶读者，如计算机相关专业在校大学生、数据分析相关岗位的从业者、亟待提升数据分析能力的人员阅读。

◆ 著　　　　袁佳林
　责任编辑　郭　媛
　责任印制　王　郁　焦志炜

◆ 人民邮电出版社出版发行　　北京市丰台区成寿寺路 11 号
　邮编 100164　电子邮件 315@ptpress.com.cn
　网址 https://www.ptpress.com.cn
　北京九天鸿程印刷有限责任公司印刷

◆ 开本：787×1092　1/16
　印张：14.5　　　　　　　2024 年 7 月第 1 版
　字数：329 千字　　　　　2024 年 7 月北京第 1 次印刷

定价：89.80 元

读者服务热线：(010)81055410　印装质量热线：(010)81055316
反盗版热线：(010)81055315
广告经营许可证：京东市监广登字 20170147 号

推　荐　词

Power Pivot 及 Power Query 是 Excel 中创建自动化报表的"利器"。这本书由浅入深地介绍了它们的用法，同时总结了精彩的学习方法，能帮助读者更好地掌握它们的底层逻辑。相信这本书能在 AI 盛行的时代帮助读者跟上商务智能发展的步伐。

——周庆麟，Excel Home 创始人，微软最有价值专家

这本书介绍了 Power Pivot 和 Power Query，它们能够在一定程度上突破传统 Excel 的局限。通过学习这本书，读者能了解商务智能、数据库、数据模型、事实表与维表等重要概念，可为学习 Power BI 等工具打下坚实的基础。我把这本书推荐给希望提升数据分析能力的朋友。

——减法君，微软最有价值专家，Power BI 视频博主

在"数据时代"，常规的 Excel 工作表用以处理更大量级和更细粒度的数据时，会有短板。幸运的是，Excel 增加了 Power Pivot 和 Power Query 这两大进阶组件，分别使用 DAX 语言和 M 语言，让我们在应对复杂的数据清洗、建模和分析工作时更加得心应手。相信这本书可以成为你技能进阶的好帮手。

——刘必麟，《Excel 商务智能：Power Query 和 Power Pivot 数据清洗、建模与分析实战》作者

本书作者的另一本书《Power BI 数据可视化从入门到实战》在业内掀起了不小的波澜，让人们发现 Power BI 的可视化结果竟然可以这么美。正当人们沉醉于欣赏与模仿之际，作者又潜心研究 Excel 智能化的"内在美"，Power Pivot 和 Power Query 也是 Excel 智能化的核心。两本书搭配使用，内外兼修，你将掌握真正的商务智能本领，全面领略 Excel 和 Power BI 世界的强大！

——陈泽满，"PowerBI 生命管理大师学谦"公众号主理人

序 一

在这个数据"爆炸"的时代，如何对大量数据进行分析，从这些数据中获取真知灼见，是每个人都迫切需要解决的问题。

虽然近些年各种数据分析工具层出不穷，但不可否认的是，Excel 仍然是目前世界上使用很广泛的工具，因为它简单易用、功能强大。不过，多数人对 Excel 的了解还停留在表面，对它的强大功能还没有充分掌握。

比如我经常听到有人抱怨说，Excel 有数据量处理限制，处理不了超过百万行的数据，其实 Excel 还有两个功能强大的组件：Power Pivot 和 Power Query。用户通过它们可以更好地解决各种复杂的数据处理问题，并且提高自己在工作中的效率和竞争力。

如果你还没有听说过 Power Pivot 和 Power Query，没有关系，这本书详细介绍了这两个组件的功能和应用，能帮助读者更好地理解现代数据分析技术，并掌握使用 Power Pivot 和 Power Query 进行数据处理和分析的方法。如果你的日常工作中经常用到 Excel，或者你对商务智能和数据分析感兴趣，那么这本书绝对值得一读。

本书不仅提供了丰富的案例和技巧，还通过图片、表格等形式直观地展示多种数据处理过程。同时，作者还根据自己的理解梳理了智能化 Excel 的多个工具，并对它们进行通俗易懂的讲解，使得读者可以更加深入地理解并掌握这些工具。

我相信，你阅读这本书后会对 Excel 有更加全面的认识，并开启个人的"数智之旅"。我衷心祝愿每一位读者都能从这本书中获得真知，"功力大增"。

采悟

"PowerBI 星球"创始人，

微软最有价值专家

序　二

大家好，我是郑志刚，非常荣幸能为袁佳林老师的新书《Excel 进阶指南：Power Pivot 与 Power Query 实战》作序。

作为一个有着 10 余年从业经历的商业数据分析师，我日常工作中最为重要的办公软件之一就是 Excel，它使用灵活、函数多样，可以生成各种分析报表和可视化图表，为数据分析师提供了很大的便利和支持。

然而随着各类企业的数据量逐年增长、商业竞争的加剧，企业对分析结果的时效性及精细度的要求逐年提高，常规 Excel 分析方法的短板也逐渐显现，如下所示。

（1）制作报表花费时间过长：数据收集、处理和数据结果的核对都会耗费大量时间，导致观察和深入挖掘分析报表结果的时间被压缩。

（2）报表复用性较差：大部分企业数据分析专员每天重复制作相同或相似的报表，效率低下且自身能力提升有限。

（3）数据量级有限：Excel 无法处理超过一百万行的数据，导致很多时间跨度较长或者粒度较细的分析难以完成。

（4）分析的指标相对简单且数量有限：Excel 自带的聚合函数只能用于求和、平均值、最大值、最小值和计数等，很多相对复杂的指标不得不在数据透视表外进行二次计算。

正是由于常规的 Excel 分析方法有着诸多的短板，如何补齐这些短板，快速提升 Excel 的工作效率就成了急需解决的问题。而袁老师的图书则在此时应运而生，这本书详细介绍 Power Pivot 和 Power Query 这两款 Excel 自带的组件的基本使用方法，包括数据的提取、清洗和转换，以及如何使用 DAX 函数进行数据建模。同时，对这些组件的高级应用也进行详细的阐述，例如如何使用 Power Query 中的 M 语言自定义函数。

除此之外，这本书还通过大量的案例和实操指导，帮助读者更好地理解所介绍的知识点，并能够将其灵活地运用到日常的数据处理和建模工作中。例如，如何使用 Power Pivot 进行数据透视表的创建和使用、如何使用 DAX 函数完成多维数据分析等。这本书内容非常全面，几乎包含 Excel 进阶工具相关的所有内容，并且注重实战应用，是非常实用的智能化 Excel 学习工具。

综上所述，这本书是关于智能化 Excel 的实用指南。如果您想在数据分析领域深耕，并经常使用 Excel，我强烈建议您进入智能化 Excel 领域，这本书将帮助您在这个领域书写出美丽篇章。

最后，感谢袁老师将自己多年的经验积累创作成书，感谢袁老师在智能化数据分析领域的无私奉献。祝各位读者阅读愉快！

郑志刚
《Power BI 零售数据分析实战》作者，
大型零售集团数据分析师

前　言

当我第一次使用 Power Query，通过一连串的单击实现了日常报表自动化以后，就对 Excel 中的这个报表自动化"神器"深深着迷了。后来随着学习的深入，我又接触到了另一个 Excel 中的数据分析"神器"：Power Pivot。它们的出现刷新了我对 Excel 的认知，它们通过紧密的配合让基于 Excel 的数据分析流程更加自动化和智能化。我坚信它们是值得投入较多时间和精力去了解和掌握的。

在学习 Power Query 和 Power Pivot 的过程中，我将自己的一些学习心得及收获分享在微信公众号"ExcelBI 星球"中，点滴地记录，持续地分享，慢慢地形成了自己的学习方法。我还搭建了 Power Query 及 Power Pivot 知识框架，在此基础上我搭建了本书的框架，也就是 Excel BI 的知识框架，它帮助我实现了很多烦琐的数据分析工作的自动化。相信读者在阅读完本书以后，也能在实际工作中实现自动化办公，实实在在地提高工作效率。

阅读指南

全书一共 7 章。第 1 章从 Excel 讲起，梳理传统 Excel 的局限性，引出 Power Pivot 和 Power Query。第 2 章开始进行 Power Pivot 与数据建模相关知识的讲解。第 3 章循序渐进地讲解 DAX 的核心知识点，比如度量值、上下文、关系、DAX 函数等，为后续的实战打下坚实的基础。第 4 章、第 5 章、第 6 章从 Power Query 简介开始到 M 语言，由浅入深地讲解 Power Query 的理论知识与实战案例。第 7 章向读者分享高效学习和使用 Excel BI 的小技巧。

需要说明如下内容。

（1）在读者学习并练习初级内容后，本书后半部分内容并未详细指示每个路径，因为通过对路径的寻找，读者也能增加对内容的掌握程度。

（2）本书所指"官网"，如无特别说明，均为 Microsoft 365 官网。

（3）本书所有章节涉及数据对应的示例文件，已经放置于异步社区的配套资源中，读者可在阅读时配合使用。针对部分功能演示，读者也可以使用自己的数据进行操作。

（4）本书中的描述仅提供命名举例，并不代表实际命名或者必须使用的命名选项。如"销售量""销售数量""销售总量"来自不同的示例文件，本书尽量以不会给读者造成阅读障碍为准则进行描述。

（5）本书中的示例文件所在路径以读者下载、保存文件的位置为准。下载示例文件以后，需要修改数据源设置才能正常进行查询。具体修改方法如下图所示。

读者对象

本书结构清晰、通俗易懂，讲解层层递进；理论与实战结合，适合 Power Pivot 和 Power Query 入门及进阶读者，如计算机相关专业在校大学生、数据分析相关岗位从业者、亟待提升数据分析能力的人员阅读。

软件适用版本

本书基于 Microsoft 365 编写，随着 Excel 版本的更新，Power Pivot 和 Power Query 的界面及功能也进行了更新。读者使用 Microsoft 365 进行练习操作将获得更好的学习体验。如果读者使用 Excel 2016 及以上版本进行实操练习，操作界面大同小异，并不影响阅读本书。

交流学习

因本人知识和能力所限，书中纰漏之处在所难免，恳请读者朋友们不吝批评指正。如果您有关于本书的疑问，可以添加微信 powerbi007，或者关注微信公众号"ExcelBI 星球"

进行反馈。我将真诚期待您对本书的宝贵意见及建议。

您还可以通过以下方式联系我。

新浪微博：JaryYuan。

知乎：JaryYuan。

微信号：powerbi007。

致谢

在本书的写作过程中，非常感谢家人的理解与支持。特别感谢我的妻子，承担起照顾家庭和培养孩子的重担，让我心无旁骛地完成了本书的写作；同样特别感谢我的儿子，虽然写书占用了很多陪伴他的时间，但我得到了他的理解。

感谢本书的各位编辑老师的耐心指导与认真审稿。感谢为本书撰写推荐词与序的各位老师和朋友，感谢他们对本书的认可和支持。感谢我的微信公众号关注者，他们的关注和留言对我写成本书提供了很大的帮助。

袁佳林

2023 年 12 月 20 日

资源与支持

本书由异步社区出品，社区（https://www.epubit.com）可为您提供相关资源和后续服务。

配套资源

本书提供如下资源：

- 示例文件；
- 思维导图。

您可以扫描下方的二维码，根据指引获取配套资源。

您也可以在异步社区的本书页面中单击 配套资源 ，跳转到下载页面，按提示进行操作获取配套资源。注意：为保证购书读者的权益，该操作会给出相关提示，要求输入提取码进行验证。

提交错误信息

作者和编辑尽最大努力来确保书中内容的准确性，但难免会存在疏漏。欢迎您将发现的问题反馈给我们，帮助我们提升图书的质量。

当您发现错误时，请登录异步社区，按书名搜索，进入本书页面，单击"发表勘误"，输入错误信息后，单击"提交勘误"即可。本书的作者和编辑会对您提交的错误信息进行审核，确认并接受后，您将获得异步社区的 100 积分。积分可用于在异步社区兑换优惠券、样书或奖品。

与我们联系

我们的联系邮箱是 contact@epubit.com.cn。

如果您对本书有任何疑问或建议，请您发电子邮件给我们，并请在电子邮件标题中注明书名，以便我们更高效地做出反馈。

如果您有兴趣出版图书、录制教学视频，或者参与图书翻译、技术审校等工作，可以发电子邮件给我们；有意出版图书的作者也可以到异步社区在线投稿（直接访问 www.epubit.com/contribute 即可）。

如果您所在的学校、培训机构或企业，想批量购买本书或异步社区出版的其他图书，也可以发电子邮件给我们。

如果您在网上发现有针对异步社区出品图书的各种形式的盗版行为，包括对图书全部或部分内容的非授权传播，请您将怀疑有侵权行为的链接发电子邮件给我们。您的这一举动是对作者权益的保护，也是我们持续为您提供有价值的内容的动力之源。

关于异步社区和异步图书

异步社区是人民邮电出版社旗下 IT 专业图书社区，致力于出版精品 IT 图书和相关学习产品，为作译者提供优质出版服务。异步社区创办于 2015 年 8 月，提供大量精品 IT 图书和电子书，以及高品质技术文章和视频课程。更多详情请访问异步社区官网。

异步图书是由异步社区编辑团队策划出版的精品 IT 专业图书的品牌，依托于人民邮电出版社近 40 年的计算机图书出版积累和专业编辑团队，相关图书在封面上印有异步图书的 Logo。异步图书的出版领域包括软件开发、大数据、人工智能、测试、前端、网络技术等。

目　　录

第 1 章　从 Excel 讲起 1

1.1　Excel 在数据处理方面的局限性 ...1

　　1.1.1　数据处理能力有限 1

　　1.1.2　数据处理透明性不够 1

　　1.1.3　数据处理紧凑性不足 2

1.2　BI 与智能化 Excel 2

　　1.2.1　BI 3

　　1.2.2　智能化 Excel 3

1.3　数据库概念与数据模型 4

　　1.3.1　数据库与数据表 4

　　1.3.2　事实表与维表 4

　　1.3.3　记录与字段 4

　　1.3.4　查询与连接 5

　　1.3.5　关系与数据模型 5

第 2 章　Power Pivot 与数据建模 6

2.1　Power Pivot 简介 6

2.2　Power Pivot 窗口一览 7

2.3　Power Pivot 数据连接类型 9

　　2.3.1　从关系数据库导入
　　　　　数据 10

　　2.3.2　从文本文件导入数据 12

　　2.3.3　从 Excel 文件导入
　　　　　数据 13

　　2.3.4　从剪贴板导入数据 16

　　2.3.5　从 Power Query 中导入
　　　　　数据 16

2.4　多表数据模型：表间关系与跨表
　　透视 17

　　2.4.1　为数据模型创建 Excel
　　　　　智能表 18

　　2.4.2　添加智能表到数据
　　　　　模型 18

　　2.4.3　创建表间关系 20

　　2.4.4　管理表间关系 21

　　2.4.5　跨表透视 24

2.5　Power Pivot 展示窗口：数据
　　透视表与数据透视图 26

　　2.5.1　Power Pivot 与数据
　　　　　透视表 26

　　2.5.2　Power Pivot 与数据
　　　　　透视图 32

第 3 章　DAX：万物始于"筛选" 36

3.1　从隐式度量值讲起 36
　　3.1.1　显示隐式度量值 36
　　3.1.2　度量值的创建方法 37
　　3.1.3　度量值的重要特性：
　　　　　可复用性 40
　　3.1.4　在计算列中使用 DAX
　　　　　函数 41
3.2　动态计算的核心：上下文 42
　　3.2.1　筛选上下文 43
　　3.2.2　行上下文 44
　　3.2.3　上下文转换 45
　　3.2.4　筛选传递 46
3.3　数据模型的基石：关系 47
　　3.3.1　关系的类型 47
　　3.3.2　数据模型的结构 48
　　3.3.3　查找表和数据表 50
3.4　以 SUM() 函数为代表的聚合
　　函数 50
　　3.4.1　基础聚合函数 51
　　3.4.2　与计数相关的聚合
　　　　　函数 52
3.5　以 SUMX() 函数为代表的迭代
　　函数 53
　　3.5.1　SUMX() 函数 53
　　3.5.2　RANKX() 函数 54
　　3.5.3　CONCATENATEX()
　　　　　函数 55
　　3.5.4　FILTER() 函数 56
3.6　CALCULATE() 函数 56
　　3.6.1　增加筛选条件 57

　　3.6.2　修改筛选条件 57
　　3.6.3　移除筛选条件 58
　　3.6.4　CALCULATE() 函数的
　　　　　两个核心要点 59
3.7　为什么 ALL() 函数可以移除筛选
　　条件 59
3.8　ALL() 函数与 VALUES() 函数 60
3.9　DAX 代码书写技巧与方法 61
　　3.9.1　DAX 函数输入技巧：智能
　　　　　填充 61
　　3.9.2　DAX 代码格式化规则 62
　　3.9.3　DAX 代码注释方法 63
　　3.9.4　在 DAX 中使用 VAR/
　　　　　RETURN 64
3.10　时间智能函数与时间智能
　　　计算 64
　　3.10.1　日期表 64
　　3.10.2　按列排序 67
　　3.10.3　时间智能函数的底层
　　　　　　逻辑 68
　　3.10.4　时间智能函数的
　　　　　　分类 70
　　3.10.5　计算月、季度、年初
　　　　　　至今 70
　　3.10.6　计算去年同期 71
　　3.10.7　计算指定时间间隔 72
3.11　数据透视表"杀手"：CUBE
　　　函数 74
　　3.11.1　一键转换为公式 74
　　3.11.2　CUBE 函数输入技巧 76

3.11.3　CUBEVALUE() 与
CUBEMEMBER() 函数 ...77

3.11.4　CUBEVALUE() 与切片器
联动 78

第 4 章　Power Query 与数据清洗 80

4.1　Power Query 简介 80
4.2　Power Query 编辑器界面一览 81
4.3　Power Query 连接的数据类型 83
　　4.3.1　从文本 /CSV 84
　　4.3.2　自网站 85
　　4.3.3　来自表格 /区域 86
　　4.3.4　来自数据库 86
4.4　数据清洗实战 87
　　4.4.1　数据转换 87

4.4.2　数据合并 100
4.4.3　数值计算 109
4.4.4　能 Excel 所不能 112
4.5　批量合并文件 121
　　4.5.1　合并多个规范的
　　　　　数据表 121
　　4.5.2　合并多个规范的
　　　　　工作簿 125
　　4.5.3　Excel.Workbook() 函数 127

第 5 章　M 语言入门 130

5.1　结构化数据 130
　　5.1.1　列表 131
　　5.1.2　记录 131
　　5.1.3　表 132
　　5.1.4　列表、记录与表的关系 ...133
　　5.1.5　查询引用与深化实战
　　　　　案例 137
5.2　数据刷新的起点：查询 138
　　5.2.1　查询基本操作 138
　　5.2.2　查询与查询步骤 139
　　5.2.3　刷新查询 141
5.3　认识 M 函数 142
　　5.3.1　M 函数基本规范 142
　　5.3.2　M 函数参数分解 144
　　5.3.3　M 函数帮助信息 144
5.4　常用的 M 函数应用详解 146

5.4.1　Table 类函数 146
5.4.2　List 类函数 147
5.4.3　Text 类函数 152
5.4.4　批量转换函数 155
5.5　M 函数轻松学：移花接木 157
5.6　M 函数轻松学：拆解参数 160
5.7　M 函数轻松学：多层嵌套 163
5.8　M 函数轻松学：庖丁解牛 164
5.9　M 函数综合实战：批量合并指定
　　位置数据 168
　　5.9.1　Table.Skip() 函数实战
　　　　　应用 169
　　5.9.2　Table.SelectColumns() 函数
　　　　　实战应用 171
　　5.9.3　#table() 函数实战
　　　　　应用 173

5.10 M 函数综合实战：智能取数
　　　系统 177
　　5.10.1 创建映射表 177
　　5.10.2 加载到 Power Query,
　　　　　 筛选非空行 177

5.10.3 选择列：Table.
　　　　SelectColumns() 178
5.10.4 重命名列：Table.
　　　　RenameColumns() 179
5.10.5 拉链函数：List.Zip() ...179

第 6 章　M 语言进阶 181

6.1 let ... in ... 语句 181
6.2 M 语言中的运算符 182
　　6.2.1 普通运算符 182
　　6.2.2 特殊运算符 183
6.3 M 语言中的条件判断 183
　　6.3.1 列筛选条件 184
　　6.3.2 if... then... 语句 184
　　6.3.3 try... otherwise... 语句 185
6.4 M 语言中的自定义函数 186
　　6.4.1 自定义函数：（ ）=>...186
　　6.4.2 "即插即用" 的匿名
　　　　　函数 188

6.5 M 语言的 "语法糖"：each
　　和 _ 189
6.6 自定义函数综合实战：批量合
　　并不规范文件 190
6.7 自定义函数综合实战：表格降维
　　技巧 194
　　6.7.1 2 × 1 层级结构化
　　　　　表格 195
　　6.7.2 1 × 2 层级结构化表格 ...197
　　6.7.3 2 × 2 层级结构化表格 ...198
　　6.7.4 N × M 层级结构化
　　　　　表格 201

第 7 章　Excel BI 的进阶之路 205

7.1 从 QAT 到 Excel BI 选项卡 205
7.2 Excel BI 的 5 个实用小技巧 207
　　7.2.1 取消类型转换 207
　　7.2.2 取消自动日期分组 208
　　7.2.3 减少使用关系检测 209

7.2.4 设置默认加载方式 210
7.2.5 修改返回最大记录数 ...210
7.3 查询分组与度量值表 211
　　7.3.1 查询分组 211
　　7.3.2 度量值表 212

第 1 章　从 Excel 讲起

Excel 在职场中的应用兼具深度及广度，它在效率提升、数据分析及可视化方面的价值得以充分体现。众多 Excel 使用者及爱好者对 Excel 的功能进行深挖，研究出来很多非常实用的用法，如专业的商务图表制作、基于函数及 VBA（Visual Basic for Applications，Visual Basic 的一种宏语言）建立报表自动化模型、可视化仪表板设计等。

但近年来商务智能（Business Intelligence，BI）崛起，传统 Excel 的功能难以满足职场人士的数据分析需求。我们不仅需要知道 Excel 在数据处理中有哪些局限，还需要"刷新"对 Excel 的认知，进一步学习和掌握 Excel 进阶功能。

1.1　Excel 在数据处理方面的局限性

随着业务分析场景越来越丰富，人们对 Excel 数据处理能力的要求也越来越高。产品经理、会计师、人力资源管理人员、数据分析人员等的数据分析工作或多或少地需要通过 Excel 来处理。不断增加的数据处理需求正在不断地挑战 Excel，传统 Excel 的局限性渐渐地显露出来。

1.1.1　数据处理能力有限

能熟练使用 Excel 的用户都知道自 Excel 2007 以后，微软公司将 Excel 的最大行数限制从之前的 65,536 行提升到了 1,048,576 行，在可容纳的行数方面已经有非常大的进步了，但是仍然没有跟上现在大数据的发展速度。虽然新版 Excel 可以容纳的数据量增加了，但是当数据量较多时，Excel 的运行效率会急速降低。因为除了需要存储数据以外，Excel 还需要完成数据处理操作，比如使用函数、数据透视表、宏和 VBA 等进行数据引用和计算，这些操作会增加 Excel 的运行负担。所以在数据量没有达到数据存储上限时，Excel 可能就会出现打开缓慢、卡顿、无响应等现象。

1.1.2　数据处理透明性不够

大部分 Excel 工作簿里面的公式对单元格的引用错综复杂，此外可能还会用到数组公式、VBA、结构查询语言（Structure Query Language，SQL）等。这就导致 Excel 处理数据具有不透明性，我们需要花费大量的时间和精力去维护 Excel 工作簿。特别是当创建这类 Excel 工作簿的同事离职以后，接手的人很难厘清其中的逻辑，也很难为适应业务新需求而做出修改。虽然 Excel 的"公式"选项卡中提供了一整套的公式审核功能，比如追踪引用单元格、追踪从属单元格及显示公式等，如图 1-1 所示，它们可以在一定程度上帮助我们梳理工作表中单元格的引用关系及公式的计算逻辑，但是并不能从根本上解决传统 Excel 数据分析模型的"黑箱"问题。

图 1-1 Excel 中的公式审核功能

1.1.3 数据处理紧凑性不足

基于传统 Excel 功能建立数据模型，往往需要在同一个工作簿中建立多个工作表，工作表不断地增加，直接导致工作表之间的导航变得麻烦。Excel 在大部分数据分析情况下都是无法直接复用已有的数据表（Data Table）的。这就是 Excel 数据处理紧凑性不足的原因。数据处理紧凑性不足通常表现在两个方面：数据存储冗余及数据处理冗余。

数据存储冗余。Excel 在处理多表数据时需要宽表化，也就是使用 VLOOKUP()、MATCH()、INDEX() 等引用函数将匹配信息合并到同一个表中。这个过程造成许多的数据存储冗余。智能化 Excel 引入 Power Pivot 数据模型以后，通过关系可以直接实现跨表透视，有效减少整体数据量。通过将重复的描述性信息转化为维表的方式可以有效降低数据存储冗余度。

数据处理冗余。Excel 进行数据处理时都需要实实在在的可见表，无法基于内存中的表进行计算。比如基于数据透视表计算环比时，通常需要分别计算出当期及上期数据，然后将两期数据匹配后相比。在 Excel 中当分析维度增加或者需要自定义数值的汇总方式时，不可避免地需要使用中间表。在使用中间表时就会产生数据处理冗余。虽然数据透视表的功能非常强大，但它是高度定制化的分析工具，只能用于实现字段求和、计数、求平均值等简单的统计汇总，无法实现不重复计数、自定义汇总方式，如图 1-2 所示。

图 1-2 Excel 数据透视表支持的值字段汇总方式

1.2 BI 与智能化 Excel

美国计算机科学家 H. P. Luhn 在 *IMB Journal* 上发表了文章 "A Business Intelligence System"，该文章提出了搭建 BI 系统的流程，描述了业务数据的合理加工和展示给商业带来的价值。一直以来，BI 都属于专业程度高、需要通过代码搭建系统的 IT 领域，直到自助式 BI（Self-Service BI），尤其是智能化 Excel 的兴起和发展，才帮助我们将不同来源的数据进行整合，实现了多维度的分析，减少了业务部门对 IT 部门的依赖。

1.2.1 BI

BI 指的是一套完整的解决方案,用于将企业中现有的数据进行有效的整合,从而快速、准确地提供报表及可视化分析,为企业经营提供有效的决策依据。以前 BI 的实施需要涉及诸多技术,比如数据仓库技术、数据挖掘技术等,非 IT 人员无法自助使用 BI。

随着大数据、云技术和移动互联网的发展,BI 进一步发展为自助式 BI。自助式 BI 的特点是高度易用、贴合大众、移动端应用广泛,并且搭建过程中不过度依赖 IT 的支持。目前自助式 BI 的代表性工具有 Power BI、Tableau 及 Excel 等。我们可以把 Excel 中用于 BI 分析的工具统称为 "Excel BI"。

1.2.2 智能化 Excel

微软最有价值专家 Ken Puls 在 *M is for (DATA) MONKEY : The Excel Pro's Definitive Guide to Power Query* 一书中,用 "A New Revolution" 来形容 Power Query 的数据抽取、转换和装载(Extract Transformation Load,ETL)的功能。另一位微软最有价值专家,MrExcel.com 的创始人 Bill Jelen 曾经这样描述 Power Pivot 及度量值(Measure):"The best thing to happen to Excel in 20 years"。由此可见,Excel 已经悄无声息地发生了重大变革。笔者希望通过本书的详解及案例向读者展示 Excel 中发生的变革,帮助读者重构对 Excel 的认知。

笔者根据自己的理解梳理了智能化 Excel 知识图谱,如图 1-3 所示。

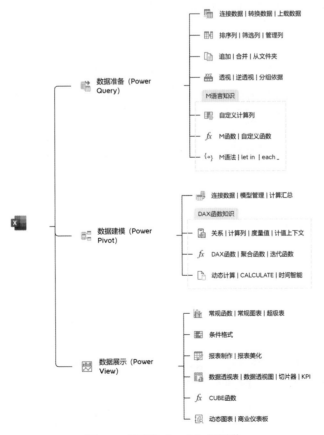

图 1-3　智能化 Excel 知识图谱

本书将对智能化 Excel 知识图谱中的部分内容进行详细的讲解。通过学习智能化 Excel 中的 Power Pivot 及 Power Query 功能，读者可以开启"数智之旅"，掌握使用 Excel 实现数据分析自动化及可视化的技巧。

1.3　数据库概念与数据模型

要掌握智能化 Excel 中的数据清洗及建模功能就必须换一种思维来理解数据。了解数据库的核心概念对于学习 Excel 的数据建模功能大有帮助。因为 Excel 的智能化过程中会引用许多数据库的相关知识。智能化 Excel 中的数据模型和传统数据库中的数据模型的基本理念其实是相通的。

1.3.1　数据库与数据表

数据库是一个计算机领域的术语，指的是按照数据结构来组织、存储和管理数据的仓库。Excel 存储的数据一般是非结构化的数据，也就是单元格与列没有严格的数据类型。可以在同一列的单元格中存储数值、文本或者公式等。而数据库中同一列的数据类型严格一致，必须同时为数值类型或者文本类型等。数据表是数据库的基础单元，一般情况下数据库由多个互相关联的数据表组成。数据库中的表是规范化的，具有较小的冗余度。Excel 中的数据表约束较少，灵活性较强。

1.3.2　事实表与维表

在数据库中，事实表（Fact Table）主要包含用于计算、汇总的数值字段以及用于关联分析维度的索引字段，如销售明细、交易记录等。维表（Dimension Table）包含数据分析维度，是用户分析数据的窗口，如客户信息表、产品表及日期表等。事实表存储业务发生时可度量的数值指标，维表存储详细描述性信息，理解事实表与维表的概念对于我们理解 Power Pivot 的数据模型有很大帮助，也有助于我们搭建一个合理、高效的数据模型。

1.3.3　记录与字段

表是由行和列组成的，记录是表的一行，字段是表的一列。Power Pivot 使用的是列存储式表，相比于行存储式表，列存储式表在执行计算时能有效地减少数据读取时间。比如，我们需要计算销售额列的总和，一种直观的方式是直接取出销售额列，并对该列进行求和。这就是 Power Pivot 对列进行求和的方式，也是比较符合人类数据处理思维的方式。而在 Excel 中，需要通过行号（1、2、3 等）和列标（A、B、C 等）定位每一个值，然后逐行扫描取数，最后进行求和，这样数据处理效率自然会降低。这也是 Excel 中数据超过一定行数以后计算效率会大大降低的原因之一。

1.3.4　查询与连接

　　查询是数据库中的术语，它是指通过 SQL 从数据库的表中提取满足特定条件的数据子集，它不会破坏数据库中的源表，查询结果与源表保持连接。无论是在 Power Pivot 中还是在 Power Query 中，导入的数据都是以查询的形式存在的。导入 Power Pivot 或者 Power Query 中的数据只是原始数据的映射，也就是说导入的数据以查询的形式与源表保持连接。Power Pivot 或者 Power Query 中的添加列、删除列等操作不会改变数据源表；如果在数据源表中添加列或者删除列，刷新后 Power Pivot 或者 Power Query 中的数据会同步更新。智能化 Excel 是摆脱复制粘贴数据的"神器"。

1.3.5　关系与数据模型

　　关系是两个独立的表格互相关联的一种机制。在日常的数据处理中，如果两个表可以通过索引列进行合并，则它们存在关系。当多个表之间存在关系时，这几个表就构成了数据模型。在简单的场景中，可以将关系看作 VLOOKUP() 函数。如果关联两个表的字段（匹配字段）在其中一个表中是唯一不重复的，而在另一个表中存在重复值，则这两个表存在一对多关系。

　　多个表通过关系关联起来构成的数据模型如图 1-4 所示。当然数据模型并不一定要包含多个表。单个表导入 Power Pivot 后也可构成一个数据模型，只是这种情况下的数据分析需求简单，将表导入 Power Pivot 中的意义不大。多表数据模型能够帮助我们实现更多维度的分析、跨表透视等，并且可突破数据量的限制，具备更快的计算速度。

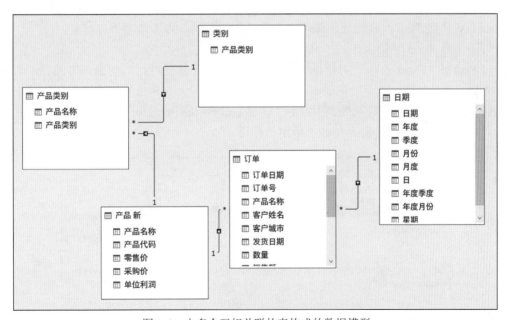

图 1-4　由多个互相关联的表构成的数据模型

第2章 Power Pivot 与数据建模

Power Pivot 在 Excel 中表现为功能区中的一个选项卡，包含一系列与数据建模相关的功能。但它不仅是一个选项卡，还代表一种基于关系创建数据模型进行复杂汇总、计算的 BI 技术。在 Power Pivot 的加持之下，Excel 能实现多数据源的分析和大型数据集的处理，通过创建关系及数据分析表达式（Data Analysis Expression，DAX），可轻松实现跨表引用和逻辑复杂的计算。

2.1 Power Pivot 简介

Power Pivot 和企业级 BI 软件 SQL Server Analysis Services 本质上共用同一个数据分析引擎。这个引擎的名称是 xVelocity 分析引擎，它是 Excel 在决策支持和业务分析上取得重大突破的保证。在 Excel 中，我们将使用 Power Pivot 搭建的数据模型称为内部数据模型，因为它是直接基于内存进行计算的。关于内部数据模型的概念，我们将在后面进行详细讲解。

微软已经将 Power Pivot 作为加载项内嵌到 Excel 中。如果您的 Excel 打开以后就有"Power Pivot"选项卡，直接使用即可。如果没有，可以按以下步骤操作打开。

（1）选择 Excel 功能区中的"文件"→"选项"。

（2）选择"Excel 选项"对话框中的"加载项"，然后在对话框的最下方单击"管理"字样旁边的下拉按钮，在下拉列表中选择"COM 加载项"，并单击下拉按钮右侧的"转到"。

（3）在 COM 可用加载项列表中找到"Microsoft Power Pivot for Excel"，如图 2-1 所示。勾选该加载项以后，单击右上角的"确定"即可。

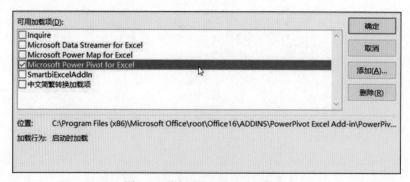

图 2-1　选择 Power Pivot 加载项

启动 Power Pivot 加载项之后，Excel 功能区中将显示"Power Pivot"选项卡（如果暂时没有显示，请重启 Excel），如图 2-2 所示。

图 2-2 Excel 功能区中的"Power Pivot"选项卡

在不同的 Excel 版本中，Power Pivot 的加载方式都是相同的。但需要注意的是，并不是每个版本的 Excel 都可以加载 Power Pivot，如果您使用的是 Excel 2010 之前的版本，将无法使用 Power Pivot。如果您使用的是 Excel 2010，需要单独下载 Power Pivot for Excel 的安装包。笔者建议使用最新版本的 Excel（由 Microsoft 365 提供）学习本书。

2.2 Power Pivot 窗口一览

Power Pivot 采用完全独立于 Excel 的窗口，单击 Excel 功能区中的"Power Pivot"→"管理"即可打开 Power Pivot 窗口。Power Pivot 窗口和其他 Microsoft Office 系列软件的一样，都是 Ribbon 风格的，如图 2-3 所示。从图中可以看到 Power Pivot 的功能区很简单，只有"主页""设计""高级"3 个选项卡，数据建模时常用的功能集中在"主页"的"获取外部数据"、"格式设置"及"查看"3 个组中。我们可以看到图 2-3 中大部分功能都处于灰色不可用状态。

图 2-3 Power Pivot 功能区

单击窗口左上角的 Excel 图标可以切换到 Excel 工作簿界面，如图 2-4 所示。如果单击窗口右上角的 ⊠，则 Power Pivot 窗口会关闭，加载到数据模型中的数据默认保存。

我们可以将案例数据中的两个表加载到 Power Pivot 中，进一步了解 Power Pivot 的各项功能。在 Excel 中，单击"Power Pivot"→"添加到数据模

图 2-4 切换到 Excel 工作簿界面

型"，可以将 Excel 中的数据区域以智能表的形式添加到数据模型中，如图 2-5 所示。

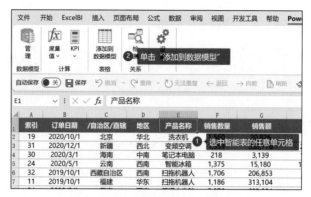

图 2-5 将数据添加到数据模型

打开 Power Pivot 窗口，如图 2-6 所示，我们可以看到功能区中之前处于灰色不可用状态的部分功能已经可用了。数据视图区域占据了较大的面积，这部分区域的构成基本上和 Excel 中的栅格表差不多，不同的是它的列标题并不是英文字母，而是表的列标题。计算区域看起来像普通的空白单元格，这部分区域是用于编辑度量值公式的，它与数据视图区域是不同的两个部分，两者由一条明显的横线分隔。Power Pivot 窗口中的工作表管理采用 Excel 中工作表的管理方式，单击工作表名称可以实现工作表的切换。双击工作表名称可以重命名工作表。在工作表名称上单击鼠标右键，在弹出的菜单中选择相应命令也可以重命名工作表，选择其他的相关命令则可以移动或者删除当前工作表等。这些操作和 Excel 的工作表管理操作是一致的。

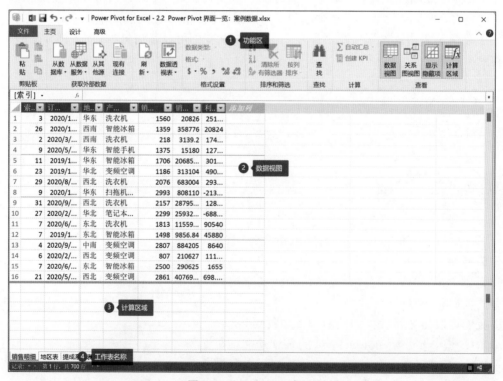

图 2-6 Power Pivot 窗口

　　Power Pivot 窗口的风格看起来和 Excel 窗口的风格一样，但是它们有本质上的不同。比如在 Excel 中的数据是以单元格存储的，每个单元格中的数据都可以单独修改，但是 Power Pivot 中的数据是按列存储的，无法单独修改某一单元格的值，也不能选择单元格区域。

　　当我们将数据加载到 Power Pivot 以后，Excel 工作簿就会创建一个内部数据模型。区别于存储在 Excel 中的其他数据，内部数据模型仅存在于内存之中。与内部数据模型交互的工具就是 Power Pivot 窗口的功能区。以下是对 Power Pivot 窗口中的功能的简单概括，本书后面将对这些功能进行详细的讲解。

　　（1）在 Power Pivot 中可以浏览、筛选、排序、删除或者隐藏内部数据模型的列。

　　（2）通过"添加列"功能可以对加载的内部数据模型创建自定义的计算列。

　　（3）通过"格式设置"组的功能可以设置数据列在数据透视表中显示的数据格式。

　　（4）通过"关系图视图"按钮可以非常直观地通过可视化线条表达表与表之间的匹配关系。

　　（5）通过"数据透视表"按钮可以将内部数据模型返回 Excel 中进行汇总分析，数据透视表与数据透视图是分析内部数据模型非常重要的工具。

2.3　Power Pivot 数据连接类型

　　获取数据应该是数据分析的第一步。Power Pivot 为 Excel 带来变革的原因之一就是它可以同时聚合多种类型的数据源到 Excel 中进行汇总分析。在 Power Pivot 功能区中，导入数据的功能集中在"主页"→"获取外部数据"中。单击 Power Pivot 功能区中的"主页"→"获取外部数据"→"从其他源"，在弹出的"表导入向导"对话框中可以看到 Power Pivot 支持导入的数据源，如图 2-7 所示。

图 2-7　"表导入向导"对话框

从"表导入向导"对话框中可以看到 Power Pivot 支持导入市面上大部分主流数据库（如微软的 SQL Server、Access 或者 Oracle、Sybase 等大型数据库）的数据。Power Pivot 支持导入的数据基本上都是关系数据库数据，这和 Power Pivot 发展自微软的 SQL Server Analysis Services 有关系，"Excel 文件"和"文本文件"是"表导入向导"对话框的最后两个选项。Power Pivot 更擅长利用规范的关系数据库数据进行数据建模和多维计算。

2.3.1　从关系数据库导入数据

根据 Power Pivot 的特性，关系数据库是最适用于数据建模的数据库之一，也就是说关系数据库是 Power Pivot 的最佳"食材"。由于 Excel 中的单个工作表有容量限制（最多容纳 104,857 行、16,384 列），Access 作为微软的办公套件之一，经常用于存储微型的关系数据库。我们以一个包含 118 万行记录的 Access 数据库文件为例，学习从关系数据库导入数据的方法。Access 数据库文件如图 2-8 所示。

图 2-8　Access 数据库文件

单击 Power Pivot 窗口中的"从数据库"，在其下拉列表中可以看到 3 个常用的关系数据库，它们都是微软的，分别是 SQL Server、Access、Analysis Services，如图 2-9 所示。

图 2-9　从关系数据库导入数据

选择"从 Access"以后，弹出"表导入向导"对话框。可在"友好的连接名称"文本框中输入连接名称，这里保持默认设置。可在"数据库名称"文本框中输入 Access 数据库文件路径，也可以单击其右侧的"浏览"，导航到目标文件所在的位置，也就是找到 Access 数据库文件所在的位置，如图 2-10 所示。

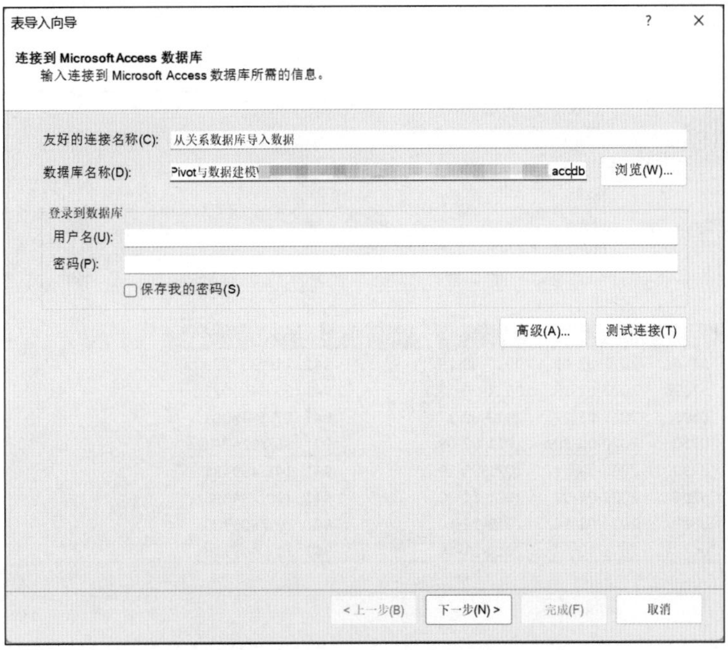

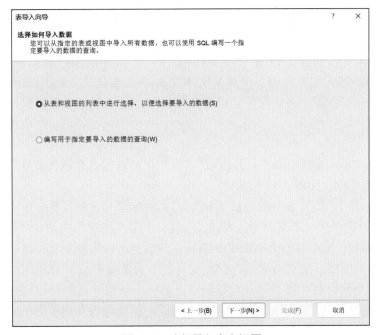

图 2-10 连接到 Access 数据库

单击"下一步"，选择"从表和视图的列表中进行选择，以便选择要导入的数据"，如图 2-11 所示。

图 2-11 选择导入表和视图

单击"下一步",在新的对话框中确保在"表和视图"中,选中"模拟数据"这个表,等待数据导入 Power Pivot 即可。数据导入成功后,在 Power Pivot 窗口中可以看到导入的数据有 118 万行,如图 2-12 所示。此时可以单击"数据透视表"返回 Excel 中,对 118 万行数据进行不同维度的透视分析。

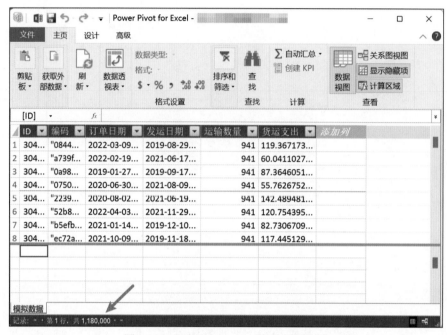

图 2-12 成功导入 Access 数据库的数据

2.3.2 从文本文件导入数据

常见的文本文件包含 TXT 文件及 CSV 文件,它们分别指符号分隔文件及逗号分隔文件。我们以 CSV 文件为例,讲解从文本文件导入数据的方法。CSV 的英文全称为 Comma-Separated Values,CSV 文件是逗号分隔文件,其中包含多行数据,每行包含多个逗号,每列由逗号进行分隔。因为它具有文件小、方便传播的特点,在职场中是非常流行的文件格式。

单击 Power Pivot 窗口中的"从其他源",然后在打开的"表导入向导"对话框中,找到"文本文件"选项,如图 2-13 所示。

单击"下一步",在"友好的连接名称"文本框中输入一个容易分辨和记忆的连接名称,这里输入的是"从文本文件导入数据"。单击"文件路径"右边的"浏览",导航到文本文件所在路径,则可以自动获取文件路径。当然也可以先复制文件路径,然后粘贴至"文件路径"文本框中。通常情况下,CSV 文件的首行都是包含列标题的,所以需要勾选"使用第一行作为列标题"。"表导入向导"对话框中间的部分是数据预览区域,在数据预览区域中可以通过勾选复选框来选择需要导入的列,默认勾选全部复选框;还可以单击列标题右边的▾,设置排序方法及行的筛选条件,如图 2-14 所示。

图 2-13 "文本文件"选项

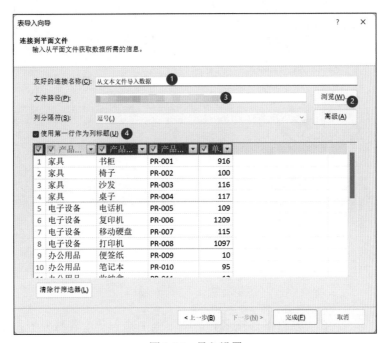

图 2-14 导入设置

2.3.3 从 Excel 文件导入数据

Excel 文件是最常见的文件之一,所以从 Excel 文件导入数据也是 Power Pivot 中最基础和常见的导入数据方式之一。从 Excel 文件中导入数据有两种形式:从内部导入及从外部导入。从内部导入是指导入模型的数据与模型在同一个 Excel 文件中，这种情况下导入的数据所在的表称为链接表。从外部导入是指导入模型的数据与模型在不同的 Excel 文件中，此时导入的 Excel 文件和数据库一样与模型保持连接。

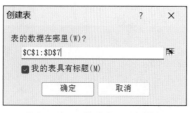

图 2-15 "创建表"对话框

从内部导入数据的操作在 2.2 节中已经介绍过，选择表中任意单元格，单击"Power Pivot"→"添加到数据模型"，打开 Power Pivot 窗口的同时会将表格加载到模型中。如果所选的表格不是智能表，则会弹出"创建表"对话框，需要指定数据区域范围及是否包含表标题，如图 2-15 所示。

因为 Power Pivot 存储数据时采用的是列式存储，对数据进行了有效压缩，所以同样的 Excel 数据如果从内部导入，工作簿的大小将会比从外部导入的大很多。单击"主页"→"获取外部数据"→"从其他源"，将弹出"表导入向导"对话框，选择"Excel 文件"，如图 2-16 所示。

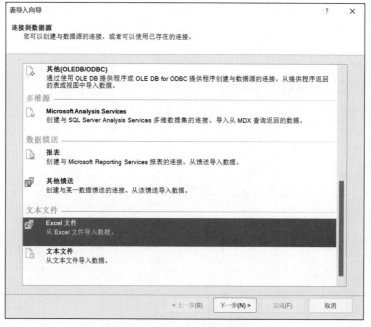

图 2-16 选择"Excel 文件"

单击"下一步"，在"友好的连接名称"文本框中输入一个容易分辨和记忆的连接名称，单击"Excel 文件路径"右边的"浏览"，导航到 Excel 文件所在的路径。勾选"使用第一行作为列标题"，将导入的表格的第一行作为标题行，如图 2-17 所示。

单击"下一步"，Power Pivot 会搜索 Excel 文件，并将可选项列在"表和视图"列表框中，这里包含 Excel 文件中可导入的源表。勾选需要导入的表格对应的复选框，单击"完成"，等待导入成功，就可以将数据加载到模型中，如图 2-18 所示。

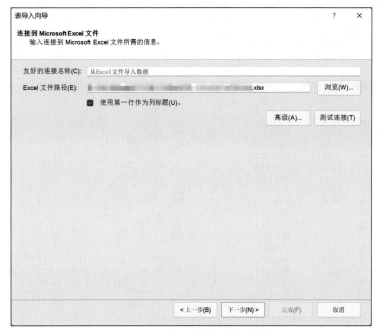

图 2-17 指定连接名称与文件路径

图 2-18 选择要导入的表

在现实工作中,数据源表中也许包含许多不需要的行或者列,这时我们可以使用预览并筛选功能,预览数据。同时通过取消勾选复选框来删除不需要的列,或者通过筛选功能剔除与分析无关的行,如图 2-19 所示。

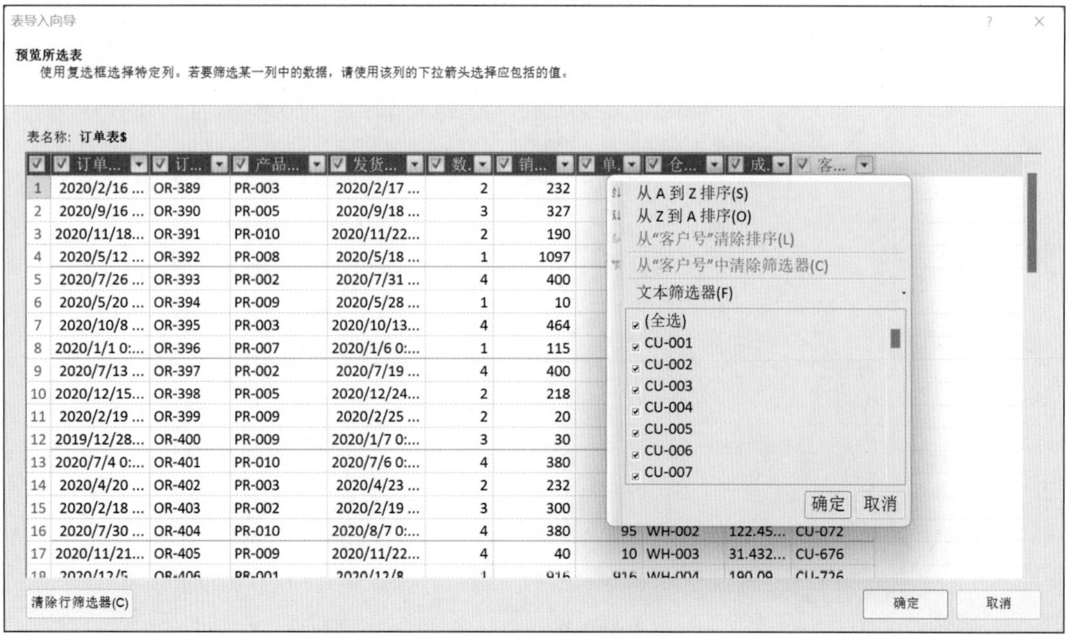

图 2-19   预览并筛选数据

2.3.4   从剪贴板导入数据

从剪贴板导入数据是 Power Pivot 导入数据方式中比较特殊的一种。从剪贴板导入的数据与数据源没有任何连接关系，无法随着数据源的改变而更新。所以从剪贴板导入的数据在 Power Pivot 中是完全固定的，无法更改。如果需要更改，只能在数据模型中更改以后重新导入。通过这种方式导入的表称为"静态表"。

静态表（如员工提成系数表、参数表等）的数据在导入数据模型后很少需要更改，所以可以采用从剪贴板导入的方式导入数据模型。具体做法是在 Excel 文件中复制表格，单击"Power Pivot"→"管理"，打开 Power Pivot 窗口，单击"主页"→"剪贴板"→"粘贴"。在弹出的"粘贴预览"对话框中输入表名"提成系数表"，并勾选"使用第一行作为列标题"，如图 2-20 所示。

图 2-20   从剪贴板导入数据

2.3.5   从 Power Query 中导入数据

Power Pivot 的发明是为了数据建模，支持的数据转换功能较少，所以它的数据导入选项很有限，而且大部分是数据库类型的。而在现实中，大部分原始数据都需要经过整理和清洗才能用于分析，它们可能来自多个数据源，包括 Excel 文件、网站或者数据库等。因此大部分时候在我们对数据进行建模之前，都要进行数据导入和清洗。

　　Power Pivot 中无论是支持的导入数据类型还是数据清洗与转换的功能都是相对匮乏的，而 Power Query 就是为了弥补 Power Pivot 这方面的短板而生的。Power Query 几乎支持能见到的所有数据类型，除了常见的 Excel 文件、文本文件、数据库文件等，它还支持从网络抓取的数据文件、JSON 文件、PDF 文件等，如图 2-21 所示。

图 2-21　Power Query 支持导入的数据类型

　　Power Query 除了支持导入非常丰富的数据类型以外，还将大量的数据清洗与转换操作集成在图形界面中，使 Power Query 的入门学习变得简单，同时经过它处理的数据可以直接加载到 Power Pivot 中进行多维度的透视分析。关于 Power Query 数据连接与清洗的内容将在后面进行详解。

2.4　多表数据模型：表间关系与跨表透视

　　在 2.3 节中，我们学习了 Power Pivot 中丰富的数据导入方法，如果仅仅支持导入多种数据源格式而无法高效地整合数据，那么 Excel 也无法实现 BI。表间关系就是整合数据、实现建模分析及灵活计算的技术基础。关系和 VLOOKUP() 的功能相似，都是通过匹配的列将两个表关联起来。关系最简单的应用场景之一是跨表透视。

　　本节的案例数据分别来自 3 个不同的表——订单表、客户表、产品表，如图 2-22 所示。想要实现的分析需求是通过产品类别、产品名称对订单表中的销售量等进行分析。传统方法是通过 VLOOKUP() 函数将产品表中的产品类别、产品名称等维度数据匹配到订单表，然后在扩展后的数据中使用数据透视表进行分析，这意味着要多次地匹配查询。使用 Power Pivot，可以将 VLOOKUP() 整合数据的步骤省略，快速地实现多表多维度透视分析。

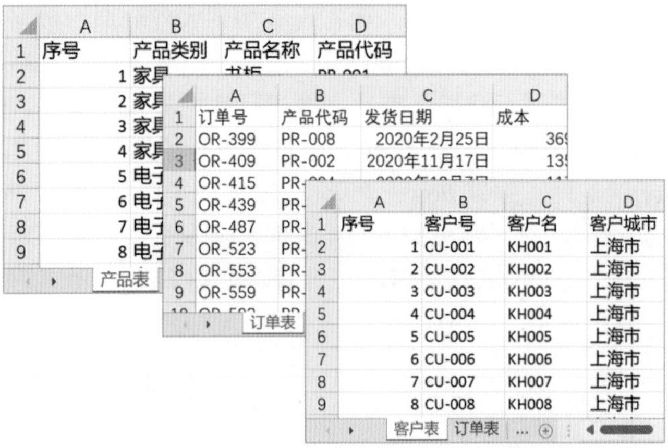

图 2-22 案例数据

2.4.1 为数据模型创建 Excel 智能表

将数据加载到 Power Pivot 之前，最佳实践是将数据先转换成命名规范的智能表。选中产品表中任意单元格，按"Ctrl + T"（"T"可以理解为 Table 的缩写，表的英文就是 Table，这样有助于我们记住这个组合键），将会弹出"创建表"对话框，如图 2-23 所示。"表数据的来源"文本框用于设置产品表的数据区域，如果 Excel 自动选择的数据区域有误，则单击文本框右边的 ▲ 可以重新选择区域。通常情况下数据表是包含标题的，因此确保已勾选"表包含标题"。

单击"确定"以后，产品表将自动应用默认的表格样式，同时在功能区中将出现"表设计"选项卡。在"表设计"选项卡最左边找到"表名称"文本框，在文本框中输入表名"产品表"，如图 2-24 所示。这个操作非常简单却很容易被忽视，对数据表进行规范的命名可以让内部数据模型中的数据表更加易于辨识，让数据模型规范统一。

图 2-23 "创建表"对话框

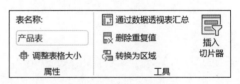

图 2-24 更改表名

使用同样的方法将订单表及客户表转换成智能表。

2.4.2 添加智能表到数据模型

当我们将需要的数据表转换成智能表以后，就可以逐一将它们添加到 Power Pivot 数据模型中。选中产品表中任意一个单元格，单击"Power Pivot"→"添加到数据模型"，产品表就会加载到 Power Pivot 中，如图 2-25 所示。此时需要注意的是，Power Pivot 中的产品表只是 Excel 中产品表的映射，Excel 中的产品表并没有在加载后消失，Excel 表中的修改可以同步到数据模型中。Power Pivot 中的产品表自动沿用智能表的名称，这可以省去重命名的麻烦。

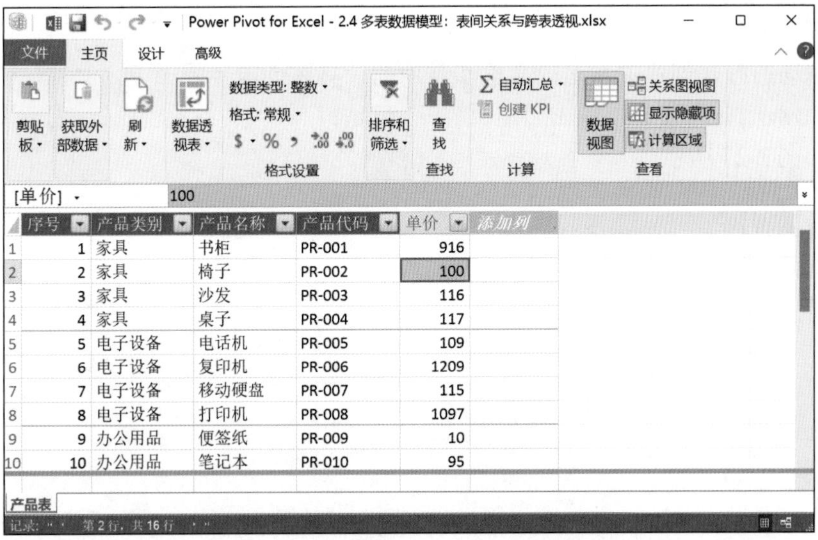

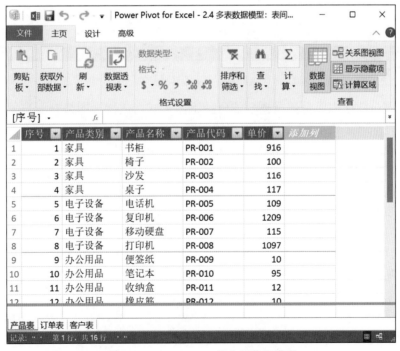

图 2-25　加载产品表到 Power Pivot 数据模型

使用同样的方法将订单表及客户表加载到 Power Pivot 中，在 Power Pivot 窗口中就可以看到加载到内部数据模型中的 3 个表，如图 2-26 所示。

图 2-26　Power Pivot 的内部数据模型

2.4.3 创建表间关系

加载数据到 Power Pivot 数据模型中以后，3 个表之间还是互相独立的，要实现整合就需要在 3 个表之间建立正确的关系。Power Pivot 为我们提供了非常方便的表间关系创建方式及关系管理工具。

通过拖动的方式创建关系是较简单和常用的，具体创建步骤如下。

打开 Power Pivot 窗口，单击"主页"→"查看"→"关系图视图"，打开数据模型关系视图，如图 2-27 所示。

图 2-27　数据模型关系视图

关系视图与数据视图是数据模型的两种不同形式，数据视图与 Excel 的工作表类似，而关系视图是 Power Pivot 数据模型独有的，在这里每个表仅显示表名及列名，不显示数据明细。单击"查看"→"数据视图"，可以切换回数据视图。

单击客户表的客户号字段，并将其拖动到订单表的客户号字段上方，这时会出现一条黑色的连接线，松开鼠标左键以后基于两表中客户号字段的关系就创建好了，如图 2-28 所示。客户表与订单表之间的黑色带箭头的线代表两表之间的关系，如图 2-29 所示。我们还可以看到客户表端有个"1"，订单表端有个"*"。其中"1"代表唯一不重复索引，而"*"代表重复的索引。也就是说客户表中的客户号是唯一不重复的，而订单表中的客户号允许重复。其业务逻辑是每个客户有且仅有一个客户号，而一个客户号可以对应多个订单，因此订单表中的客户号可以重复。

使用同样的方法在产品表与订单表之间创建关系，产品表与订单表之间通过产品代码进行关联。创建好的数据模型关系视图如图 2-29 所示。"关系"这个概念类似数据库中的"连接"（Join）。另外，关系中的箭头始终是从"1"端指向"*"（多）端的。

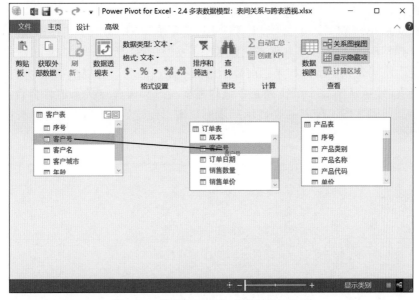

图 2-28 使用拖动的方式创建表间关系

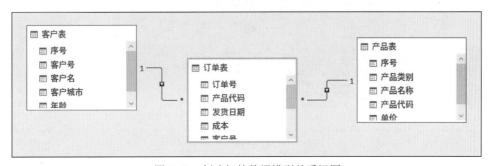

图 2-29 创建好的数据模型关系视图

2.4.4 管理表间关系

在关系视图中通过拖动的方式创建表间关系是使用最广泛的关系创建方法之一。其实在 Power Pivot 窗口的"设计"选项卡中，我们还能找到两个与关系相关的按钮——"创建关系"与"管理关系"按钮，如图 2-30 所示。为了加深对关系的理解，我们有必要掌握这两个按钮的用法。

图 2-30 "创建关系"与"管理关系"按钮

1. 创建关系

打开 Power Pivot 窗口，单击"设计"→"创建关系"。在弹出的"创建关系"对话框中，可以通过选择相应的表及字段名称来创建关系。如图 2-31 所示，首先单击产品表中的产品代码字段，使其高亮显示，如果当前显示的表不是产品表，可以从第一个下拉列表中选择"产品表"；然后从第二个下拉列表中选择需要与产品表建立关系的订单表；接着单击订单表的产品代码字段，使其高亮显示；最后单击"确定"，产品表与订单表基于产品代码的关系就建立成功了。

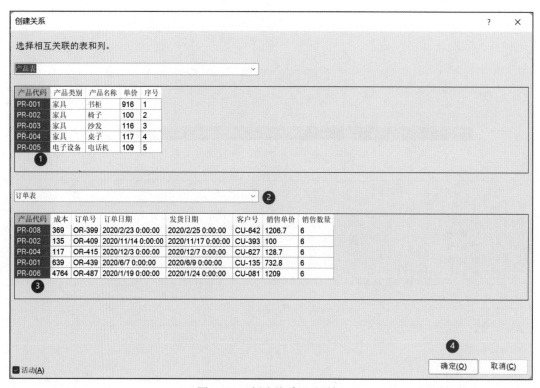

图 2-31 "创建关系"对话框

2. 管理关系

打开 Power Pivot 窗口，单击"设计"→"管理关系"，打开"管理关系"窗口，已经建立好的关系以列表的形式展示出来，如图 2-32 所示。"管理关系"窗口中有 3 个常用的关系管理按钮，分别是"创建"、"编辑"及"删除"按钮。窗口中部是展示模型中关系的列表框。列表框中的活动列代表关系的激活状态，"是"代表激活可用的关系，在数据模型中显示为实线，"否"代表关系不可用。表 1、表 2 列分别为用于建立关系的维表及事实表。基数列代表关系类型，一般为多对一。

单击"管理关系"窗口中的"创建"将打开"创建关系"对话框。选择相应的关系以后，单击"编辑"则可以打开"编辑关系"对话框，对相应的关系进行修改，如图 2-33 所示。在该对话框中，可以通过下拉列表选择互相关联的新表，或者单击新的列名修改关系。编辑关系更快捷的方式是在关系视图中双击关系线进行编辑。

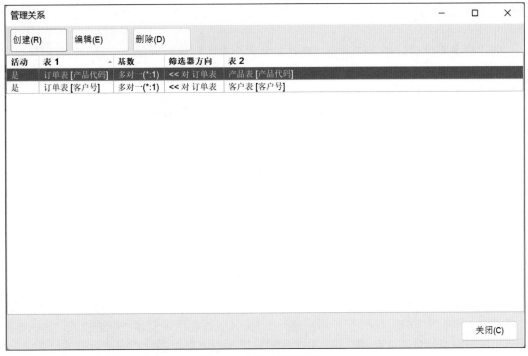

图 2-32 "管理关系"窗口

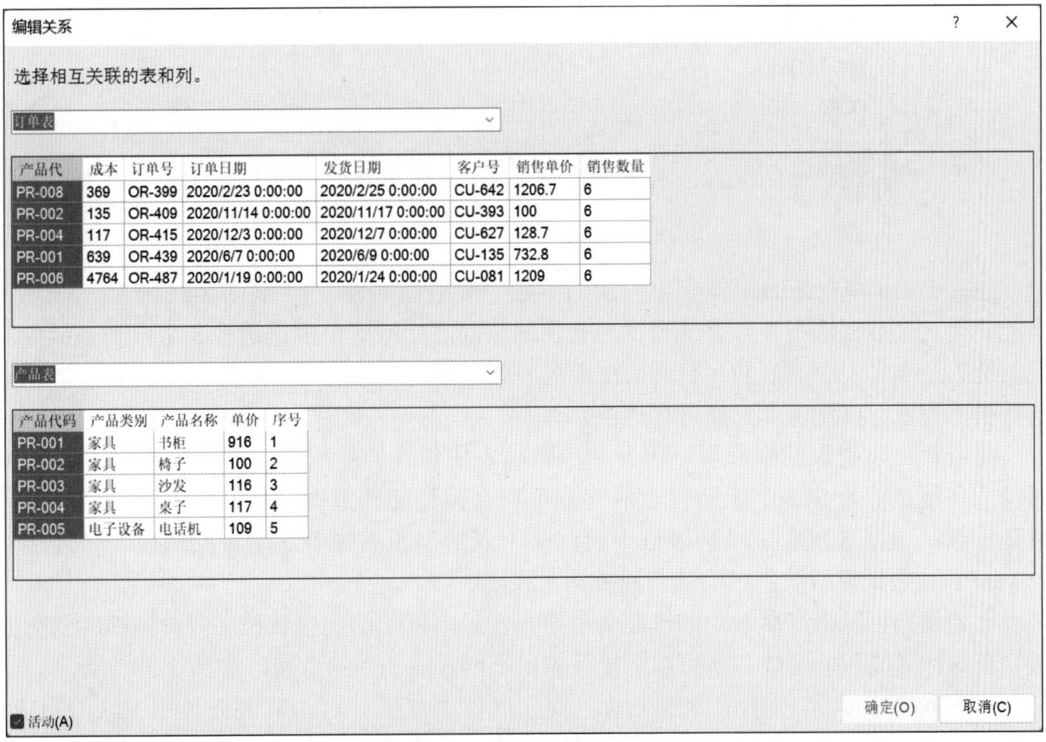

图 2-33 "编辑关系"对话框

2.4.5 跨表透视

创建好关系以后，基于订单表、产品表及客户表的数据模型就建立好了，我们可以轻松地实现跨表透视。在我们学习 CUBE 函数之前，基于内部数据模型的分析基本上都要通过数据透视表或者数据透视图实现。

单击 Power Pivot 窗口的"主页"→"数据透视表"，如图 2-34 所示。

图 2-34　创建数据透视表

自动返回到 Excel 窗口中，在"创建数据透视表"对话框中指定创建数据透视表的位置，选择"新工作表"，单击"确定"，将新建一个 Excel 工作表用于创建数据透视表，如图 2-35 所示。如果选择"现有工作表"，则需要在现有工作表中指定创建数据透视表的位置。

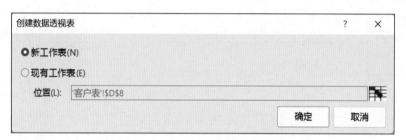

图 2-35　指定创建数据透视表的位置

此时 Excel 将在新的工作表中为我们创建"数据透视表 1"，如图 2-36 所示。仔细观察能发现这个数据透视表与普通数据透视表的不同之处：这个数据透视表字段列表框中出现的是 3 个表名，而非列名；普通数据透视表的字段只能来自同一个表。基于 Power Pivot 的数据透视表可以跨多个表格进行透视。

单击数据透视表的字段可以展开相应数据表所包含的数据列，如图 2-37 所示。数据透视表字段列表框中 3 个表所包含的列都可以直接拖动到数据透视表的不同区域中进行透视计算。数据透视表字段列表框中出现多个表的字段意味着这个数据透视表是连接到 Power Pivot 数据模型的，它不是普通数据透视表。

比如我们可以将产品表中的产品名称字段及订单表中的销售数量字段分别拖动到数据透视表的行区域和值区域，就可以轻松计算出不同产品的销售数量，如图 2-38 所示。

在 Power Pivot 数据模型诞生之前，要完成以上数据分析，需要先使用 VLOOKUP() 函数将产品表中的产品名称字段匹配到订单表中。随着分析维度的增加，比如按客户的年龄、性别、职业，产品的颜色、大小、类别等进行分析，VLOOKUP() 的使用次数也会增加。而借助 Power Pivot 数据模型，所有跨表字段都可以直接拖动到数据透视表的不同区域中进行分析。

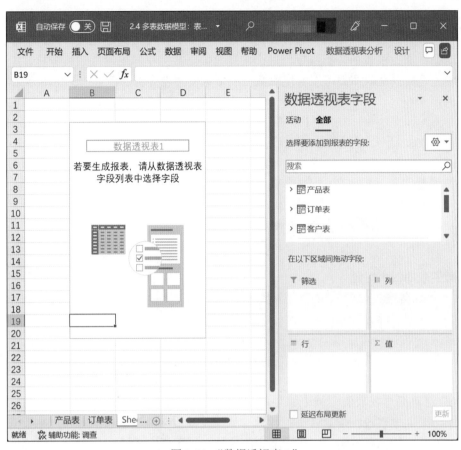

图 2-36 "数据透视表 1"

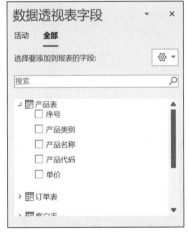

图 2-37 展开数据透视表的字段

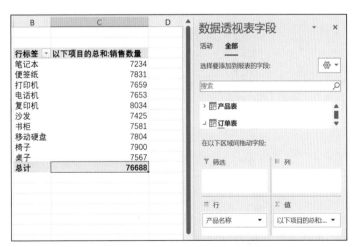

图 2-38 基于 Power Pivot 数据模型的跨表透视

2.5 Power Pivot 展示窗口：数据透视表与数据透视图

数据透视表对于 Excel 来说是有变革意义的数据分析工具。数据透视表不仅可以实现快速的分组聚合，还可以使分析过程变得动态可交互。使用数据透视表，通过简单地拖动字段可动态地更改报表的分析维度，进而实现对同一数据不同角度的透视分析。无论是数据透视表还是数据透视图都可以实现对数据的多维度透视分析，而 Power Pivot 数据模型代表数据的组织模式，对于数据模型中数据的计算与展示离不开数据透视表与数据透视图。

2.5.1 Power Pivot 与数据透视表

数据透视表是 Power Pivot 数据模型的展示窗口，本节将对数据透视表基础及进阶知识进行详解，帮助我们为学习 Power Pivot 及智能化 Excel 其他相关知识打下良好基础。

1. 数据透视表的四大区域

每一个数据透视表都由 4 个区域组成：值区域、行区域、列区域、筛选区域。4 个区域中的字段决定了数据透视表的数据分析维度及报表布局。创建数据透视表后，数据透视表字段列表框下方的 4 个待填充区域分别代表数据透视表的四大区域，如图 2-39 所示。

图 2-39　数据透视表的四大区域

Excel 对数据透视表值区域中的字段按指定汇总方法执行聚合计算。拖动到值区域中的字段如果是文本字段，则默认进行计数，如果是数值字段，则进行求和。在数据透视表中，值区域是在行标题右侧、列标题下方的区域，如图 2-40 所示。

产品类别	All										
销售量	**客户城市**										
产品名称	北京市	东莞市	广州市	杭州市	南京市	上海市	深圳市	天津市	武汉市	总计	
笔记本	1618	216	1505	446	256	1914	190	400	689	7234	
便签纸	1759	161	1609	562	288	2243	161	397	651	7831	
打印机	1591	184	1740	515	209	2212	155	375	678	7659	
电话机	1828	164	1678	484	202	2060	114	415	708	7653	
复印机	1770	199	1702	539	220	2257	227	417	703	8034	
沙发	1629	164	1583	529	163	2099	197	399	662	7425	
书柜	1744	211	1562	546	174	1994	224	389	737	7581	
移动硬盘	1837	202	1559	537	239	2246	146	366	值区域 7804		
椅子	1840	105	1692	511	272	2204	97	494	685	7900	
桌子	1656	196	1630	554	226	1996	160	441	708	7567	
总计	**17272**	**1802**	**16260**	**5223**	**2249**	**21225**	**1671**	**4093**	**6893**	**76688**	

图 2-40　数据透视表的值区域

数据透视表的行区域与列区域功能相似。拖动到这两个区域中的字段一般是文本字段，Excel 会对这些字段进行去重，仅保留这些字段中的唯一不重复值。在这两个区域中的字段通常是用于分类的字段，比如产品类别、产品名称、客户城市等，如图 2-41 所示。值区域必须指定一个或一个以上字段，而行区域和列区域可以指定一个或者一个以上字段，也可以不指定字段。

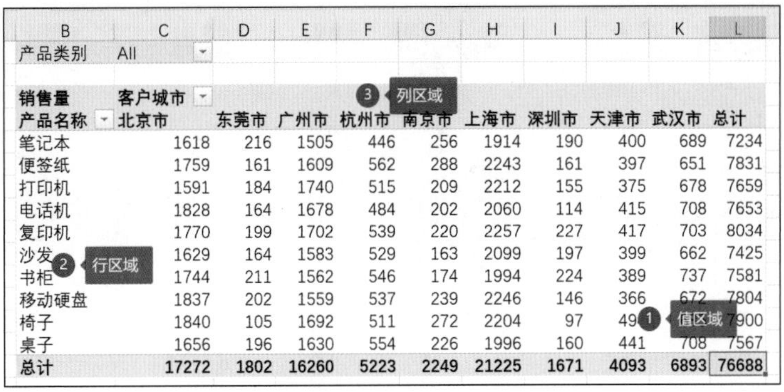

图 2-41　数据透视表的行区域及列区域

　　数据透视表的筛选区域是比较容易被忽视的区域，它与行区域和列区域的功能一致，都用于筛选。但它的形式不同，它是位于数据透视表上方，由指定字段的唯一不重复值组成的下拉列表。筛选区域可以帮助我们对数据透视表进行筛选，将透视分析的重点聚焦于我们关心的某个产品类别，如图 2-42 所示。

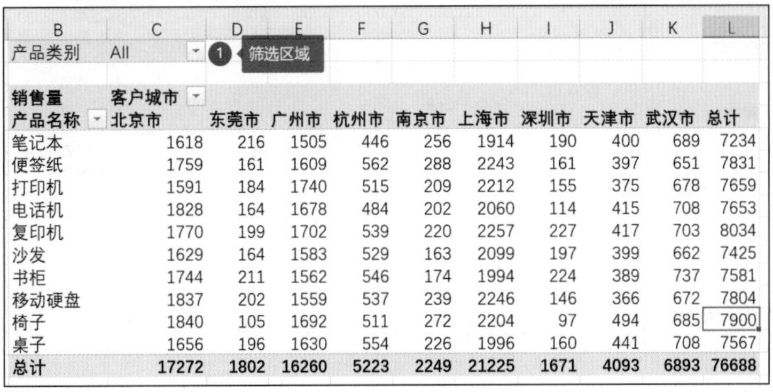

图 2-42　数据透视表的筛选区域

2. 数据透视表布局设计

　　数据透视表的默认样式并不一定是我们想要的，我们可对它进行个性化的布局设计。Excel 提供了很多数据透视表功能，让我们能自定义它的外观和整体布局以满足自己的需求。知道并理解这些功能可以帮助我们更好地输出自己想要的报表格式。

　　Excel 提供了 3 种布局形式的数据透视表，分别是压缩形式、大纲形式、表格形式的数据透视表，如图 2-43 所示。每一种布局形式都有自己的特色，它们之间没有好坏之分，只是使用场景不同。但是从实用性来讲，笔者更愿意选择表格形式的数据透视表。

　　以上 3 种布局形式的数据透视表可以通过以下步骤进行切换。

　　（1）单击数据透视表中的任意单元格，在功能区中单击"设计"→"报表布局"。

　　（2）在"报表布局"下拉列表中，选择需要的布局形式，如图 2-44 所示。

　　在"报表布局"下拉列表中，有一个选项是"重复所有项目标签"。它经常用来将数据透视表的行标签进行重复，使得数据透视表更符合我们的使用习惯，使用不重复标签与重复标签的数据透视表如图 2-45 所示。

压缩形式			大纲形式				表格形式		
产品名称 ▼	销售量		产品类别 ▼	客户城市 ▼	销售量		产品类别 ▼	客户城市 ▼	销售量
⊟办公用品			⊟办公用品				⊟办公用品	北京市	3377
北京市	3377			北京市	3377			杭州市	1008
杭州市	1008			杭州市	1008			南京市	544
南京市	544			南京市	544			上海市	4157
上海市	4157			上海市	4157			深圳市	351
深圳市	351			深圳市	351		⊟电子设备	北京市	7026
⊟电子设备			⊟电子设备					杭州市	2075
北京市	7026			北京市	7026			南京市	870
杭州市	2075			杭州市	2075			上海市	8775
南京市	870			南京市	870			深圳市	642
上海市	8775			上海市	8775		⊟家具	北京市	6869
深圳市	642			深圳市	642			杭州市	2140
⊟家具			⊟家具					南京市	835
北京市	6869			北京市	6869			上海市	8293
杭州市	2140			杭州市	2140			深圳市	678
南京市	835			南京市	835		总计		47640
上海市	8293			上海市	8293				
深圳市	678			深圳市	678				
总计	47640		总计		47640				

图 2-43　3 种布局形式的数据透视表

图 2-44　切换报表布局

不重复标签				重复标签		
产品类别 ▼	客户城市 ▼	销售量		产品类别 ▼	客户城市 ▼	销售量
⊟办公用品	北京市	3377		⊟办公用品	北京市	3377
	杭州市	1008		办公用品	杭州市	1008
	南京市	544		办公用品	南京市	544
	上海市	4157		办公用品	上海市	4157
	深圳市	351		办公用品	深圳市	351
⊟电子设备	北京市	7026		⊟电子设备	北京市	7026
	杭州市	2075		电子设备	杭州市	2075
	南京市	870		电子设备	南京市	870
	上海市	8775		电子设备	上海市	8775
	深圳市	642		电子设备	深圳市	642
⊟家具	北京市	6869		⊟家具	北京市	6869
	杭州市	2140		家具	杭州市	2140
	南京市	835		家具	南京市	835
	上海市	8293		家具	上海市	8293
	深圳市	678		家具	深圳市	678
总计		47640		总计		47640

图 2-45　使用不重复标签与重复标签的数据透视表

　　除了"报表布局"按钮以外，数据透视表还提供了许多可以自定义的功能，如分类汇总与总计、空行处理、数据透视表样式调整等，这些功能基本都在"数据透视表工具"的"设计"选项卡中，读者可自行探索。

3. 数据透视表设置

　　数据透视表是 Excel 中非常常用而且性能稳定的数据分析工具，它包含非常多的自定义设置，比如设置字段名及字段值格式、显示详细信息、更改聚合方式等。掌握数据透视表的自定义设置可以让我们更加方便地设置数据透视表的外观，制作出满足需求的报表。

　　数据透视表中值区域中的字段名是 Excel 遵循一定规则自动设置的，如"以下项目的总和：销售量"，这样的名字既冗长又不实用。我们可以将它修改成更符合我们阅读习惯的名字，比如销售总额、销售总量等。更改字段名及字段值格式可以在"值字段设置"对话框中进行。如图 2-46 所示，在数据透视表中单击鼠标右键，在弹出的菜单中选择"值字段设置"，打开"值字段设置"对话框。

　　在"值字段设置"对话框的"自定义名称"文本框中输入我们想要的字段名，如图 2-47

所示。在"值字段设置"对话框中还可以设置字段值格式。单击左下角的"数字格式"，
将弹出"设置单元格格式"对话框。

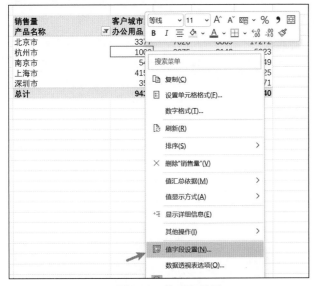

图 2-46　值字段设置

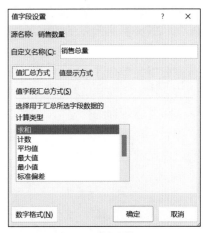

图 2-47　自定义字段名

　　在"设置单元格格式"对话框中，我们可以轻松地将字段值格式设置成货币、会计专
用、百分比等，如图 2-48 所示。相比于直接选择单元格进行格式设置，通过值字段设置
的方法进行设置可以有效地避免因为数据透视表布局变化而导致数字格式失效的问题。

图 2-48　设置字段值格式

在"值字段设置"对话框中，还有一个非常实用的功能：值汇总方式。在将数值字段拖动到值区域时，Excel 默认对数值进行求和，而在将文本字段拖动到值区域时，Excel 默认对文本进行计数。对于数值字段，除了求和以外，还可以进行计数、求平均值、求最大值／最小值等计算，这里的计算方式（即求和、计数、求平均值等）可以统一称为聚合方式。使用不同的聚合方式可分别得出具有不同统计意义的数值。常用的聚合方式还有非重复计数，在常规数据透视表中，"非重复计数"选项处于灰色不可用状态，只有基于Power Pivot 数据模型的数据透视表才能使用它，如图 2-49 所示。

有时对于数据透视表中的某个单元格值，我们需要知道其数据明细。比如示例中北京市办公用品销售量是 3377 件，我们想知道它对应的数据明细是哪些，我们可以用显示详细信息功能实现。选择北京市办公用品销售量所在单元格，单击鼠标右键，在弹出的菜单中选择"显示详细信息"，如图 2-50 所示。北京市办公用品的销售量明细将会展示在新的工作表中。显示数据明细更快捷的方法是双击数据透视表中的值，这里双击数值"3377"就可以显示它的数据明细。

图 2-49　"非重复计数"选项

图 2-50　显示数据明细

关于数据透视表还有很多基础的操作，比如对行标签或者列标签进行筛选，对数据透视表进行排序等。这些操作与在 Excel 中的其他区域中进行数据筛选及排序的操作并无太大差异，因此读者可自行尝试，探索不同的功能。数据透视表的功能大部分集中在"数据透视表工具"选项卡中；在数据透视表中单击鼠标右键，弹出菜单，部分功能也在此菜单中。

4. 切片器与日程表

切片器与日程表（也可以叫作时间轴）是数据透视表提供的非常友好的一种数据筛选的方式，它的功能与筛选区域实现的功能是一致的。切片器与日程表是筛选区域的可视化形式，它可以让用户通过简单的单击和拖动来切换筛选项目，非常方便，如图 2-51 所示。

生成切片器的方法有两种：一种是选中数据透视表，单击"数据透视表分析"→"插入切片器"，然后在弹出的"插入切片器"对话框中勾选相应的字段复选框即可；另一种是在数据透视表字段列表框中，找到需要插入切片器的字段，在字段上单击鼠标右键，在弹出的菜单中选择"添加为切片器"，如图 2-52 所示。

图 2-51　切片器与日程表

　　使用以上两种方法都可以快捷地将字段添加为切片器，笔者推荐第二种方法，因为无须额外指定字段。我们将产品表中的产品类别及产品名称字段添加为切片器以后，效果如图 2-53 所示。插入的切片器默认全选所有的项目，我们可以单击其中的某个项目实现切换，如果需要多选，则可以在按住"Ctrl"键的同时单击项目。单击切片器右上方的 ▽ 可以清除切片器的筛选状态。

图 2-52　选择"添加为切片器"

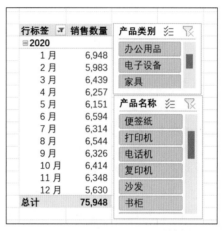

图 2-53　添加产品类别及产品名称字段为切片器

　　日程表是切片器的一种，它仅适用于日期字段，并且它对于日期字段的筛选方式更加灵活、实用。日程表可以非常方便地将日期按照年、季度或者月进行分组筛选。在数据透视表字段列表框中找到订单日期，单击鼠标右键，在弹出的菜单中选择"添加为日程表"，如图 2-54 所示。

　　借助生成的日程表，我们可以轻松地从任意日期粒度对数据透视表进行筛选。日程表的动态数据筛选机制，使分析不同日期粒度下的数据汇总情况变得轻松且有趣。单击日程表的任一月份，按住鼠标左键拖动则可以放大或者缩小选择区域，实现多选，如图 2-55 所示。

　　通过日程表右上方的下拉列表，可以快速切换到按季度对数据透视表进行筛选，如图 2-56 所示。还可以以年或者日等日期粒度对数据透视表进行筛选。由此可见，日程表提供的是一种可视化的筛选交互方式，它使数据筛选变得直观而且灵活。

图 2-54　将订单日期字段添加为日程表

图 2-55 使用日程表筛选多个月份的数据

图 2-56 以季度为单位筛选数据透视表

2.5.2 Power Pivot 与数据透视图

数据透视图可以看作数据透视表的"孪生兄弟",它们的设计原理及使用方法基本一致。所以我们之前学习的关于数据透视表的知识基本都能应用到数据透视图中。数据透视表与数据透视图其实是一组数据的不同展现方式。以下关于 Power Pivot 与数据透视图的 3个实用技巧值得我们学习和掌握。

1. 从数据模型到数据透视图

在 Excel 中制作图表,通常情况下是基于工作表中现有数据的,也就是说,图表基于工作簿中的数据表生成。使用数据透视图会同时生成数据透视表,然后基于数据透视表的数据作图,如图 2-57 所示。这就会造成一定的数据冗余。

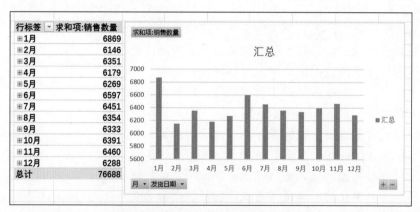

图 2-57 基于普通数据表的数据透视图

将数据导入 Power Pivot 数据模型，基于数据模型插入数据透视图，可以生成脱离制图数据的图表。此时的数据透视图更简洁、干净，它是基于内存中的数据直接制作的，无须使用中间过渡的数据。它非常适合用来制作基于多个数据透视图的数据可视化仪表板。

在功能区中，单击"插入"→"图表"→"数据透视图"，在弹出的"创建数据透视图"对话框中，选择"使用此工作簿的数据模型"，单击"确定"按钮，如图 2-58 所示。此时插入的数据透视图是基于数据模型的。

图 2-58　基于数据模型创建数据透视图

2. 层次结构与图表下钻技术

在实际的数据分析中，我们往往需要将分析维度进行细化。比如在用柱形图分析每个类别的产品的销量时，往往需要将分析细化到产品子类或者产品名称。借助数据模型的层次结构功能，在图表中可以实现类似的下钻分析。

在功能区中，单击"Power Pivot"→"管理"，打开 Power Pivot 窗口。单击"主页"→"关系图视图"，切换到数据模型的关系视图，如图 2-59 所示。

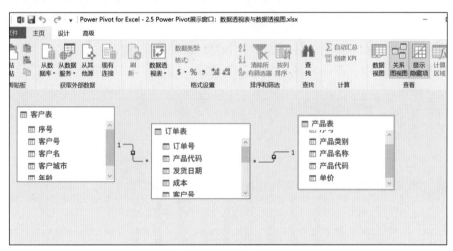

图 2-59　切换到数据模型的关系视图

单击相应表格后，该表的右上角有一个"创建层次结构"图标，单击就可以进入创建层次结构的流程。例如为产品表创建一个名为"产品分层"的层次结构。单击产品表右上角的，然后输入层次结构名"产品分层"，分别将产品类别及产品名称列拖动到层次结构中即可，如图 2-60 所示。

创建好的层次结构会像数据表的列一样出现在数据透视表字段列表框中，我们可以像使用普通字段一样使用层次结构。将产品分层层次结构拖动到数据透视图的轴（类别）区域中，

图 2-60　创建层次结构

把销售数量列拖动到值区域中，生成的数据透视图如图 2-61 所示。

使用层次结构生成的数据透视图的最大的特点就是支持向上或者向下钻取。如图 2-62 所示，选中办公用品对应的柱形，然后单击鼠标右键，在弹出的菜单中可以看到"向上钻取 / 向下钻取"命令。向下钻取单个产品类别最快捷的方式之一是双击该产品类别对应的柱形。

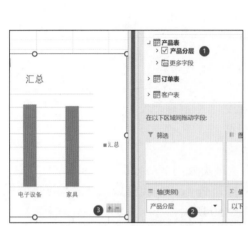

图 2-61　使用层次结构生成的数据透视图　　　　图 2-62　"向上钻取 / 向下钻取"命令

单击数据透视图右下角的 + 也可以实现对数据透视图的钻取。单击 + 实现的是所有产品类别的数据都向下钻取到产品名称，如图 2-63 所示。同理，单击 − 将向上钻取到产品类别。

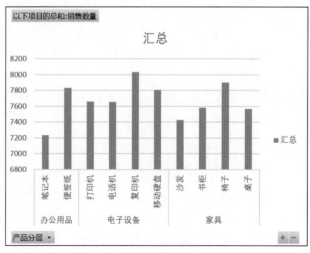

图 2-63　所有产品类别向下钻取

3. 多个数据透视图与同一个切片器联动

如果多个数据透视图基于同一个数据模型，那么这些数据透视图可以通过同一个切片器进行连接。也就是说，多个不同的数据透视图可以通过同一个切片器进行控制，实现多个数据透视图的联动筛选，这是我们制作动态仪表板的常用技巧。

将切片器与多个数据透视图连接的方法很简单，在切片器上单击鼠标右键，在弹出的菜单中选择"报表连接"，此时会打开"数据透视表连接"对话框，在列表框中勾选想要联动筛选的数据透视图的复选框，如图 2-64 所示。从列表框中可以看出数据透视表与数据透视图一样，都可以连接到同一个切片器。

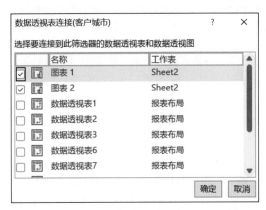

图 2-64　选择想要联动筛选的数据透视图

第 3 章　DAX：万物始于"筛选"

从前面的学习中我们可以发现 Power Pivot 功能区中的功能很少，因为在 Power Pivot 中经常使用 DAX 函数对数据模型进行计算，熟练使用 DAX 函数对数据源进行筛选、计算是 Power Pivot 学习的重中之重。DAX 函数也可用于实现报表自动化，它能将常规的筛选、计算等操作都"代码化"，让数据处理过程可复制。

3.1　从隐式度量值讲起

DAX 是一门独立的、基于数据模型的计算分析语言。DAX 与 Excel 类似，都是函数式语言，函数式语言与编程语言最大的区别之一是函数式语言已将计算流程封装好，使用者只需要以参数的形式向函数传递计算内容即可。

要学习 Power Pivot 和 DAX 就必须先掌握度量值，大部分初学者刚接触 Power Pivot 时都会对度量值这个概念感到困惑，度量值其实是一个计算公式，但它与 Excel 的普通函数公式有所不同，它不依赖于具体的单元格或者表。新建的度量值不会马上计算，只有被拖动到数据透视表中才会激活并计算，也就是它在一定的（上下文）环境中才会计算。

3.1.1　显示隐式度量值

度量值对于我们来说可能是全新的概念，但是这并不代表我们没有使用过它。其实在我们将值字段或者文本字段拖动到数据透视表的值区域中时，就已经使用度量值了。只是自动生成的是隐式度量值（Implicit Measure），单击 Power Pivot 窗口功能区中的"高级"→"显示隐式度量值"，在计算区域中就能看到它，如图 3-1 所示。

隐式度量值的名称一般类似"以下项目的计数：产品名称"或者"以下项目的总和：销售量"等。传统数据透视表仅能通过拖动字段的方式生成隐式度量值进行数值计算。但是在 Power Pivot 数据模型中，应该尽量避免以直接拖动字段的方式进行计算，也就是说应该尽量避免使用隐式度量值。因为它们的名称冗长而隐晦，并且无法修改。另外，它们仅仅支持求和和计数两种计算方式。

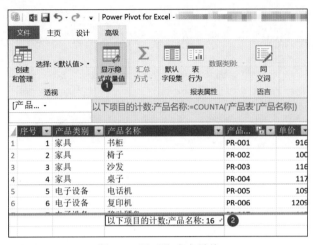

图 3-1　显示隐式度量值

3.1.2　度量值的创建方法

在 Power Pivot 中，我们可通过手动输入表达式的方法新建度量值。在 Power Pivot 数据模型中，通过 DAX 自定义计算方式的度量值，可以叫作显式度量值（Explicit Measure）。在本书的后面，如未特殊声明，度量值都代表使用 DAX 函数创建的显式度量值。使用显式度量值不仅能帮助我们更好地掌握 DAX 函数，还能帮助我们基于 Power Pivot 数据模型实现更加灵活、多变的自定义计算。

前面讲过 Power Pivot 窗口下方的计算区域是用于编辑度量值公式的。Excel 提供了两种创建度量值的方法，它们分别是使用 Power Pivot 窗口中的计算区域及使用 Excel 的度量值管理工具。我们详细介绍第 2 种方法，因为它是更好的度量值创建方法。

度量值管理工具如图 3-2 所示。它位于"Power Pivot"选项卡中，包含"新建度量值"和"管理度量值"两个选项。

使用度量值管理工具创建度量值的具体步骤如下。

（1）打开示例文件"3.1 从隐式度量值讲起"，创建一个基于 Power Pivot 数据模型的空白数据透视表。单击"插入"选项卡的"数据透视表"，选择"来自数据模型"，如图 3-3 所示（部分版本的 Excel 需要勾选"使用此工作簿的数据模型"）。

图 3-2　度量值管理工具

图 3-3　创建基于数据模型的数据透视表

（2）给数据透视表添加分析维度。比如将数据模型中产品表的产品类别字段添加到数据透视表的行区域。

（3）选择"Power Pivot"→"度量值"→"新建度量值"，如图 3-4 所示。

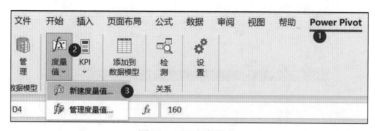

图 3-4 新建度量值

（4）在弹出的"度量值"对话框中，表名保持默认设置，在"度量值名称"文本框中输入"销售总量"，在"公式"文本框中输入 DAX，即 =SUM（' 订单表 '[销售数量]）；完成以上输入后，单击"检查公式"，若公式没有错误，根据需求设置度量值显示的数据格式，如图 3-5 所示。

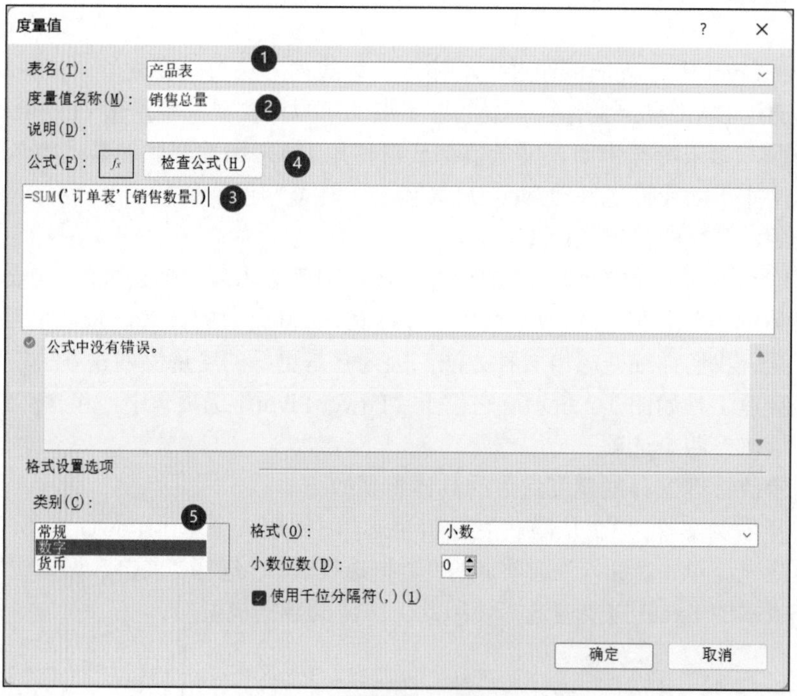

图 3-5 度量值创建过程

（5）单击"确定"以后，数据透视表中会实时显示度量值的计算结果。我们创建的度量值会自动添加到数据透视表的值区域中进行计算。在数据透视表字段列表框中，新建的"销售总量"度量值对应的复选框会自动勾选，如图 3-6 所示。

以上步骤虽然看似复杂，但可以帮助我们养成良好的度量值创建习惯，特别对于初学 DAX 的读者，建议遵循以上步骤创建度量值。使用这种方法创建度量值有以下优点。

（1）在 Excel 中直接创建度量值，无须打开 Power Pivot 窗口。

（2）可通过数据透视表，实时显示度量值计算结果。

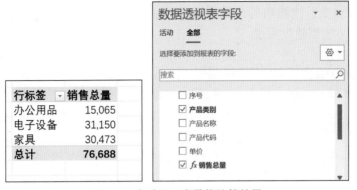

图3-6　实时显示度量值计算结果

（3）通过对话框的形式创建度量值，步骤完整、清晰。

（4）可利用"检查公式"按钮进行公式检查，提前排错、改错。

使用第1种方法创建度量值的具体操作如下。单击"Power Pivot"→"管理"，打开Power Pivot窗口，选中计算区域中的单元格，在公式栏中输入度量值公式，即：客户数:=COUNT('客户表'[客户号])。输入度量值公式后按"Enter"键，客户数度量值就建立好了。它同时会出现在Power Pivot的计算区域中，如图3-7所示。

图3-7　在公式栏中创建度量值

使用这种方法创建度量值需要先打开Power Pivot窗口，并且必须在度量值名称后面输入一个英文的冒号，再输入DAX。在度量值名称、冒号及等号之间不能存在空格。度量值在计算区域中的单元格归属并没有规律，同一个度量值可以放置在任意一个单元格中，与计算数据所在列无关，只与 DAX 中用到的表和列相关。通过这种方法建立的度量值无法提前进行检查，度量值的计算结果也无法实时显示。对于初学 DAX 的读者而言，不建议使用这种方法创建度量值。

3.1.3 度量值的重要特性：可复用性

度量值有一个非常重要而且实用的特性：它们可以互相引用。度量值的灵活性很大程度上取决于度量值的可复用性。度量值的计算逻辑会复制到引用它的度量值中。利用度量值可以互相引用的特性，可以将复杂的计算逻辑简单化，让计算步骤清晰、易懂。

例如，计算人均销售数量，计算方法是销售总量除以购买客户数。这里需要注意的是，计算人均销售数量的分母是有购买行为的客户数，而不是客户表中的客户总数。因此购买客户数度量值需要基于订单表中的客户号进行不重复计数。单击"管理度量值"对话框中的"新建"，然后使用笔者推荐的度量值创建方法在数据模型中创建新的度量值购买客户数，如图 3-8 所示。

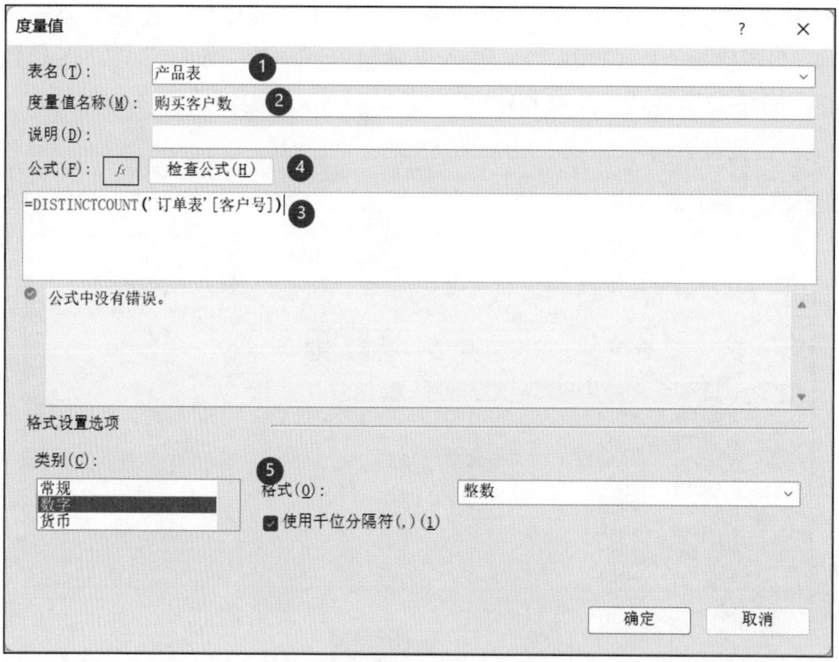

图 3-8 创建购买客户数度量值

购买客户数度量值公式是：购买客户数:=DISTINCTCOUNT(' 订单表 '[客户号])。其中的客户号是订单表中的，而不是客户表中的，因此在计算时没有产生交易的客户就不会计算在内。DISTINCTCOUNT() 是一个新的 DAX 函数，它可以实现对客户号的不重复计数，即同一个客户只计算一次。

所以计算人均销售数量的度量值如下。

```
人均销售数量:=SUM(' 订单表 '[销售数量])/DISTINCTCOUNT(' 订单表 '[客户号])
```

　　其实我们可以直接引用已经建立好的销售总量及购买客户数度量值替换相应的部分。除了使用斜线"/"以外，我们还可以用 DAX 函数 DIVIDE() 进行除法计算，DIVIDE() 函数又叫"安全除法函数"，它可以屏蔽被除数为 0 时出现的错误。那么计算人均销售数量的度量值公式也可以写为：人均销售数量 _ 引用度量值 :=DIVIDE([销售总量],[购买客户数])。计算结果如图 3-9 所示。

行标签 ▾	销售总量	购买客户数	人均销售数量	人均销售数量_引用度量值
办公用品	15,065	718	20.98	20.98
电子设备	31,150	734	42.44	42.44
家具	30,473	733	41.57	41.57
总计	76,688	734	104.99	104.99

图 3-9　人均销售数量

　　引用已经建立好的度量值，能使新的度量值阅读起来更易懂，计算逻辑也更加清晰。
　　在学习 DAX 函数时，一定要学会通过函数的名称理解函数的功能。比如 DISTINCTCOUNT() 函数，将其名称拆分成两个英文单词"DISTINCT"和"COUNT"，通过这两个单词的含义可大致了解函数的功能。
　　很多 DAX 函数名称都是由英文或者英文的缩写组成的，精准记忆英文单词可以帮助我们很好地理解和记忆 DAX 函数及其功能。我们也可以利用 Power Pivot 提供的智能填充功能高效地输入 DAX 函数。无论是在 Excel 的度量值管理工具中，还是在 Power Pivot 的计算区域中，都有智能填充功能。以 DISTINCTCOUNT() 为例，当我们输入"dis"后，Excel 会提供包含这 3 个字母的所有 DAX 函数列表，按"↓"键定位到 DISTINCTCOUNT() 函数，可以看到 Excel 同时还提供该函数的使用说明，如图 3-10 所示。此时按"Tab"键就可以完成函数的输入。

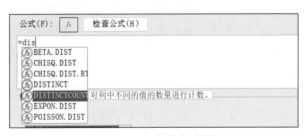

图 3-10　智能填充功能

3.1.4　在计算列中使用 DAX 函数

　　在 Excel 中进行数据分析时，我们经常需要基于现有的列通过计算添加必要的信息，比如提取字符串、分解日期维度、进行条件判断等，这在 Power Pivot 中可以使用计算列实现。在 Power Pivot 数据表中，最后一列的标题默认都是"添加列"，选中该列就可以在公式栏中输入计算列的公式了，如图 3-11 所示。
　　计算列的公式必须以"="开头，如果使用":="，则可以在冒号前面指定新建列的名称。计算列的公式可以用来补充必要的维度信息。常规的 Excel 函数，如文本处理函数 LEFT()、RIGHT()、MID()，逻辑函数 IF()、OR()、AND()，日期函数 YEAR()、MONTH()、DATE()，等等，都可以在计算列中使用，有 Excel 知识基础的读者很快就可以理解并运用它们。

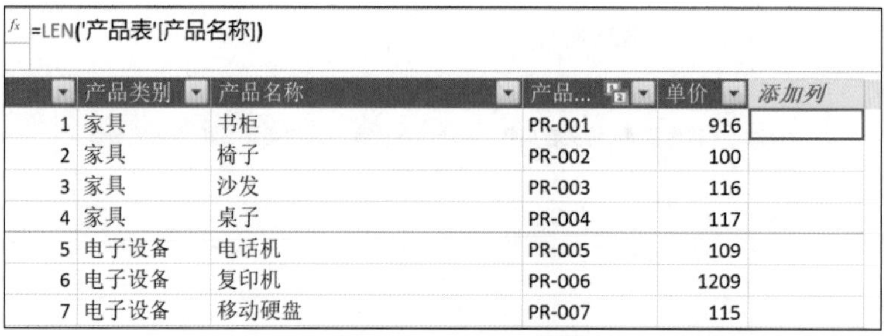
=LEN('产品表'[产品名称])

	产品类别	产品名称	产品...	单价	添加列
1	家具	书柜	PR-001	916	
2	家具	椅子	PR-002	100	
3	家具	沙发	PR-003	116	
4	家具	桌子	PR-004	117	
5	电子设备	电话机	PR-005	109	
6	电子设备	复印机	PR-006	1209	
7	电子设备	移动硬盘	PR-007	115	

图 3-11　添加计算列

Power Pivot 有仅属于它的 DAX 函数，比如 RELATED() 函数和 SWITCH() 函数。RELATED() 函数用于从互相关联的两个表中提取信息，它的运行原理与 VLOOKUP() 函数的相似。SWITCH() 函数是 DAX 中的条件判断函数。在多条件判断的应用场景中，使用 SWITCH() 函数可以简化计算公式，让计算逻辑更清晰。

RELATED() 函数可以通过已建立的关系，将位于“1”端的维表的信息提取到“多”端的事实表中。比如我们可以将产品表中的单价通过 RELATED() 函数引用到订单表中。在订单表的最后一列后新建列，输入 DAX，即 =RELATED('产品表'[单价])，我们可以将产品表中的单价信息引用到订单表中。RELATED() 函数的使用是基于已建立的关系的，如果产品表和订单表之间的关系被删除，那么以上公式将会出错。使用 RELATED() 函数，我们可以将产品表中的产品名称、产品类别或者客户表中的客户名、客户城市等信息引用到订单表中，通过关联字段将订单表的信息补充完整，这一过程通常被称为宽表化。

条件判断无论在 Excel 中还是在 Power Pivot 中都会经常用到。IF() 函数在 Excel 及 Power Pivot 中的使用方法几乎是一样的。在 Power Pivot 中，在多条件判断的情况下建议使用 SWITCH() 函数。比如可以根据订单表中订单日期对应的季度返回汉字“春”、“夏”、“秋”或“冬”，其中季度为新建列，其度量值公式为：季度:=INT((MONTH('订单表'[订单日期])+2)/3)，在订单表最后一列新建列，输入 DAX，即 =SWITCH('订单表'[季度],1,"春",2,"夏",3,"秋",4,"冬")。此时我们可以将 4 个数字分别转换成季节对应的 4 个汉字，如图 3-12 所示。

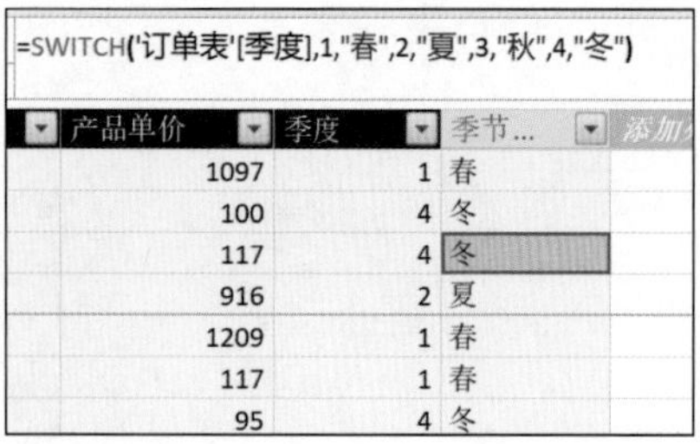
=SWITCH('订单表'[季度],1,"春",2,"夏",3,"秋",4,"冬")

产品单价	季度	季节...	添加
1097	1	春	
100	4	冬	
117	4	冬	
916	2	夏	
1209	1	春	
117	1	春	
95	4	冬	

图 3-12　SWITCH() 函数多条件判断

3.2　动态计算的核心：上下文

“上下文”是一个令人感到熟悉又陌生的词。熟悉是因为我们上小学做语文阅读题的时候，经常遇到根据上下文理解词句的问题，"字不离词，词不离句"表达的就是上下文的意思。陌生是因为在学习 Power Pivot 和 DAX 的过程中，大部分初学者常常被这个词绕得云里雾里，特别是同时出现计值上下文、筛选上下文、行上下文、上下文转换等概念时。

如果无法准确理解上下文的概念就无法理解 DAX 深层的计算原理。计值上下文又分为筛选上下文及行上下文。筛选上下文负责筛选，行上下文负责迭代。正是因为上下文这个概念的存在，同一个度量值在不同数据透视表中的计算结果也不同。上下文是 Power Pivot 实现动态计算的核心。

3.2.1　筛选上下文

筛选上下文可简单理解为筛选条件，它主要负责根据内外部指定的筛选条件将数据模型中的数据集切片。在 Excel 中，数值计算的筛选条件可以来自数据透视表的行、列、筛选区域、切片器及日程表等外部环境，也可以来自 DAX 函数本身，如 CALCULATE() 函数的筛选参数。

在示例文件"3.2 动态计算核心：上下文"中创建度量值计算销售总额，新度量值公式为：销售总额 :=SUM('订单表'[销售额])。在没有添加筛选条件的情况下，该度量值公式的计算结果是订单表中所有订单的销售额的和。当我们向数据透视表中增加分析字段时，数据透视表的计算结果会相应发生变化，如图 3-13 所示。

销售总额 行标签	列标签 2019	2020	总计
笔记本	3,392	652,736	656,127
便签纸	849	73,490	74,339
打印机	75,364	7,924,728	8,000,092
电话机	9,396	784,898	794,294
复印机	84,509	9,114,409	9,198,918
沙发	7,552	809,935	817,487
书柜	59,540	6,531,721	6,591,261
移动硬盘	9,465	841,800	851,265
椅子	7,760	743,800	751,560
桌子	7,441	834,444	841,885
总计	265,267*	28,311,961	28,577,228

图 3-13　按产品名称及年份计算销售总额

＊注：四舍五入计算导致误差，以软件计算为准。本书其余数据也默认按此方式呈现。

上面我们只用了一个度量值公式，计算出不同产品、不同年份的销售总额。如果使用 Excel 公式来完成以上计算，每个单元格对应的公式都会有所不同。而使用度量值计算只需要一个公式，就可以在不同的筛选环境中得出相应的结果。这是度量值与筛选上下文共同作用的结果。图 3-13 中选中的数值 849 是 2019 年便签纸的销售总额。它的筛选上下文如下。

产品名称="便签纸"
订单日期（年）=2019

我们可以向数据透视表中增加不同的筛选条件。选中数据透视表中的任一单元格，插入"订单日期（月）"及"客户城市"切片器。这样就可以求出不同产品、不同城市、不同年份及不同月份的销售总额，如图 3-14 所示。

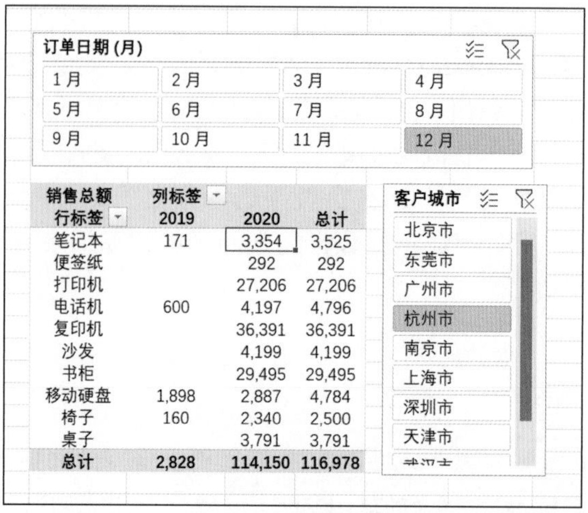

图 3-14 通过切片器增加筛选条件

图 3-14 中选中的数值 3354 是杭州市 2020 年 12 月笔记本的销售总额，它的筛选上下文如下。

客户城市 =" 杭州市 "

订单日期（年）=2020

订单日期（月）=12 月

产品名称 =" 笔记本 "

以上筛选上下文来自数据透视表的筛选区域、行、列及切片器，我们称之为初始筛选上下文，它的特点是来自度量值公式以外。它具有交互性，我们可以通过筛选按钮或者切片器修改它。它是度量值从外部获取的初始筛选上下文，可以修改。我们将在后面学习如何使用 CALCULATE() 函数对初始筛选上下文进行修改。

3.2.2 行上下文

行上下文是 Power Pivot 在迭代函数及计算列中执行计算时用于识别当前行的一种机制。行上下文比筛选上下文更加抽象。行上下文负责迭代表，标记当前计算数据所在的行。在 Excel 中计算列和迭代函数都会自动创建行上下文。我们可以把行上下文理解为 Power Pivot 窗口的行号或者迭代函数计值时的游标，它确保 DAX 在计算时能准确定位行，不会发生错行匹配。

可以通过计算列理解行上下文。销售额计算列的计算公式是：=' 订单表 '[销售数量]*' 订单表 '[销售单价]，如图 3-15 所示。当我们输入以上公式后，Power Pivot 自动逐行计算销售额。这个自动计算的过程很容易让我们忽略一个重点：我们输入的公式仅仅提供了列名，如 ' 订单表 '[销售数量]，并没有告知 Power Pivot 是哪一行的销售数量与哪一行的销售单价相乘（Excel 公式计算时需要行号、列标共同定位，如 A1），它能正确地识别行、列数据正是因为行上下文的存在。

在计算列中通过行上下文迭代计算的中间结果分别保存在数据表的每一行中，整个计算过程都很清晰，能帮助我们形象地理解行上下文。而迭代函数自动创建的行上下文，其中间的计算结果仅暂存在内存中，不会显示出来。迭代函数直接在数据透视表中显示最终计算结果。它在内存中也是需要逐行计算、暂存中间结果的，它的计算原理和计算列的是一致的。这就是行上下文存在的理由。

图 3-15　计算列与行上下文

3.2.3　上下文转换

在前文中，我们介绍了筛选上下文及行上下文，它们在数据模型中的作用各不相同。筛选上下文用于筛选数据模型，行上下文用于迭代表。也就是说行上下文不会进行筛选，即行上下文不会自动创建筛选条件。验证这一观点最经典的方法之一就是在计算列中使用 SUM() 函数。在订单表中新建列，输入 DAX，即 =SUM(' 订单表 '[销售数量])，计算结果让人出乎意料，表中所有行的结果都是同一个数 76688，如图 3-16 所示。这个数值正是订单表中所有销售数量的和，这说明计算过程中每一行的销售数量没有进行筛选。

图 3-16　验证行上下文不会进行筛选

在 Power Pivot 数据模型中每一个表都会自动创建行上下文，但是从上面的结果来看，行上下文没有发挥任何筛选作用，其中的计算列公式也没有额外指定筛选条件，因此计算出来的每一行的值都一样，它们都是销售数量列中所有数值的和。这证明了行上下文不会自动创建筛选条件。

那么如何得到正确的结果，也就是如何让行上下文转换成筛选上下文？

这时就需要用到上下文转换机制，在以上计算列公式外层添加一个非常重要的 DAX 函数 CALCULATE() 函数即可。关于 CALCULATE() 函数的进一步讲解将在后面进行，这里我们需要记住以下上下文转换机制：CALCULATE() 函数自动将当前行上下文转换成筛选上下文，并自动添加当前行上下文迭代的所有列作为筛选参数。

将新建列的 DAX 改为：=CALCULATE(SUM(' 订单表 '[销售数量])) ，计算结果如图 3-17 所示。

=CALCULATE(SUM('订单表'[销售数量]))					
本 ▼	客... 🔢 ▼	订单日期 ▼	销售数量 ▼	销售单价 ▼	销售总... ▼
369	CU-642	2020/2/23 ...	6	1206.7	6
135	CU-393	2020/11/14...	6	100	6
117	CU-627	2020/12/3 ...	6	128.7	6
639	CU-135	2020/6/7 0:...	6	732.8	6
4764	CU-081	2020/1/19 ...	6	1209	6
334	CU-726	2020/3/1 0:...	6	93.6	6

图 3-17 CALCULATE() 函数将行上下文转换成筛选上下文

由图 3-17 可知，CALCULATE() 函数将存在于计算列中的行上下文转换成了等价的筛选上下文。上下文转换在任何存在行上下文的地方都会生效，比如在计算列或者迭代函数 FILTER()、SUMX() 等函数中。上下文转换除了通过 CALCULATE() 函数实现以外，还可以使用度量值实现。在上下文转换机制中，每一个度量值公式外层都默认包含一个 CALCULATE() 函数。假设数据模型中已经存在计算销售数量的度量值，其公式为：销售总量 :=SUM(' 订单表 '[销售数量]) ，在产品表中新建列时直接引用以上度量值，也可以得到正确的结果，如图 3-18 所示。

产品名称	产品... 🔢	定价	销售总量
书柜	PR-001	916	7581
椅子	PR-002	100	7900
沙发	PR-003	116	7425
桌子	PR-004	117	7567
电话机	PR-005	109	7653
复印机	PR-006	1209	8034
移动硬盘	PR-007	115	7804
打印机	PR-008	1097	7659
便签纸	PR-009	10	7831
笔记本	PR-010	95	7234
收纳盒	PR-011	12	

图 3-18 使用度量值实现上下文转换

3.2.4 筛选传递

筛选传递是应用 Power Pivot 数据模型进行分析计算时必须熟练掌握的概念。在 Power Pivot 数据模型中，筛选数据一般来自维表，并从维表传递到事实表，反之则行不通。也就是说筛选是有方向性的。从数据模型的关系视图中我们可以看到，在每一条关系线上都存在一个向下的方向箭头，如图 3-19 所示。

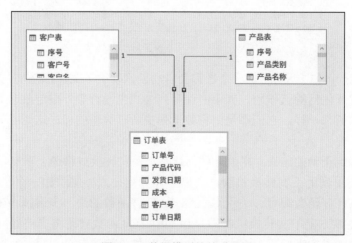

图 3-19 数据模型的关系视图

我们可以在数据模型中创建以下计算总客户数的度量值。

行标签 ⯆	购买客户数	总客户数
办公用品	718	754
电子设备	734	754
家具	733	754
总计	**734**	**754**

```
总客户数:=DISTINCTCOUNT('客户表'[客户号])
```

然后基于数据模型创建一个新的数据透视表，将产品表的产品类别字段拖动到行区域，将购买客户数及总客户数字段拖动到值区域，得到的结果如图 3-20 所示。

图 3-20　购买客户数与总客户数透视结果

购买客户数是订单表中购买过产品的客户数，共 734 位客户有过购买记录，20 人未发生购买行为。而总客户数对于每一个产品类别都是一致的，都为 754，也就是客户表中所有客户的总数。很明显在计算总客户数时并未发生筛选。从筛选传递的角度而言，产品类别可以直接对订单表进行筛选，但是无法再次通过订单表向上对客户表进行筛选，如图 3-21 所示。所以最终的计算结果是没有任何筛选的总客户数。从业务意义上讲，购买客户数是存在产品类别差异的，可以统计出不同产品的购买客户数情况。但是总客户数与产品类别无关，无法根据产品类别分类统计。

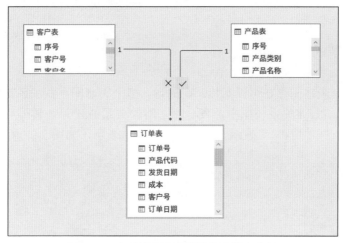

图 3-21　产品类别字段筛选传递的方向性

3.3　数据模型的基石：关系

在日常数据处理中，如果两个数据表可以通过共有的索引列进行横向的合并，则这两个表互相关联，存在关系。如果可以通过互相匹配的列将两个表合并，那么它们之间就一定存在某种关系。多个表之间存在的关系构成关系数据模型。数据模型之间的引用、筛选、计算等需要通过关系进行"传递"，因此关系是数据模型的基石。

3.3.1　关系的类型

到目前为止，我们接触到的关系类型都是一对多关系，其实两表之间的关系类型除了一对多关系以外，还存在一对一关系和多对多关系。一对一关系：一个表中的每行记录在另一个表中有且仅有一条记录与之匹配。这种情况下建议直接将两个表合并。多对多关系：两表的记录都能在另一个表中找到多条互相匹配的记录。比如，一个客户可以买多种商品，一种商品也可以同时卖给多个客户。在进行数据建模时，存在多对多关系的表通常需要通过中间表建立关系。

Excel 中的数据模型仅支持一对多关系，在 Power Pivot 中创建多对多关系时将会弹出错误提示对话框，如图 3-22 所示。多对多关系在 BI 软件中才能使用，如 Power BI 中。初学数据建模时不建议使用多对多关系，一对多关系基本能满足大部分的职场数据分析需求。本书重点讲解一对多数据模型在实际工作中的应用。

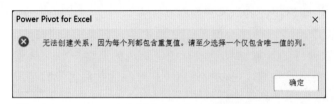

图 3-22　Power Pivot 中创建多对多关系时的错误提示对话框

3.3.2　数据模型的结构

关系是指两个表之间存在可以互相匹配的列，多个表之间存在关系就可以构成关系数据模型。在 Power Pivot 关系视图中，表与表之间的关系通过一条具体可见的线表示，一对多关系中的"一"端用"1"表示，"多"端用"*"表示，如图 3-23 所示。

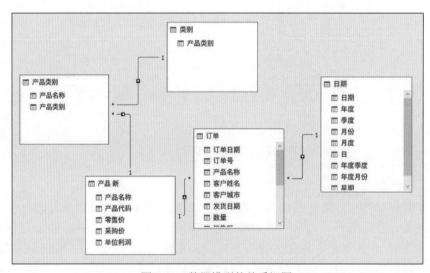

图 3-23　数据模型的关系视图

根据结构的不同，可以将 Power Pivot 数据模型分成星形数据模型和雪花数据模型。
在星形数据模型中，代表交易记录的事实表居中，维表排列在其四周，如图 3-24 所示。星形数据模型是比较理想的数据模型，对于我们理解数据模型概念及 DAX 计值原理很有帮助。星形数据模型中表与表之间关系的深度为 1，筛选在表之间的传递方向明确。星形数据模型是最佳的 Power Pivot 数据模型之一，也是我们日常数据分析常用的数据模型，如图 3-24 所示。

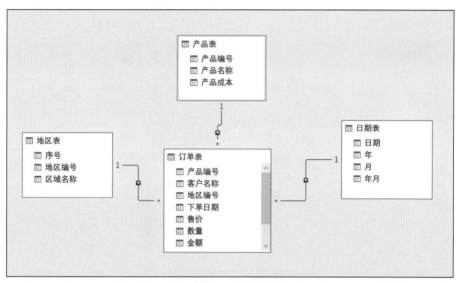

图 3-24　星形数据模型

雪花数据模型是数据建模中常见的一种数据模型。它同样以事实表为中心，维表围绕其排列，同时向外延伸。这种数据模型的关系深度通常大于 1，如图 3-25 所示。产品规格表与产品表以一对一的关系关联，而产品表又以一对多的关系与订单表关联。产品规格表虽然没有与订单表直接建立关系，但是通过产品表的传递，也能实现对订单表的筛选。雪花数据模型可以理解为星形数据模型的扩展，它对星形数据模型的维表进一步细化。在数据库理论中，雪花数据模型可以减少数据冗余。

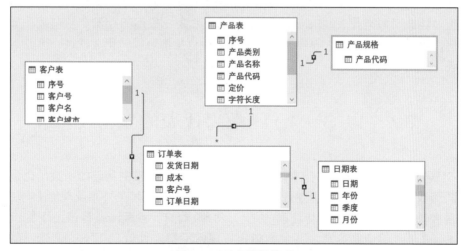

图 3-25　雪花数据模型

3.3.3 查找表和数据表

虽然本书后面涉及的数据模型基本都属于星形数据模型，但是在数据模型关系视图布局上笔者建议使用"维表在上，事实表在下"的模式，如图 3-26 所示。

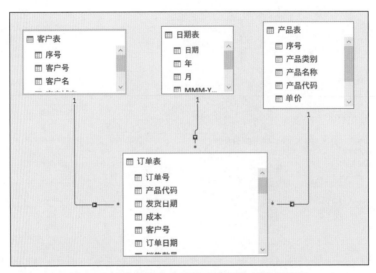

图 3-26 "维表在上，事实表在下"的数据模型

采用以上模式布局数据模型有以下好处。

（1）这种模式对于我们理解数据模型的筛选过程非常有利。筛选从上至下由维表传递到事实表，这与关系线指向的方向一致，而反过来筛选是无法执行的。这个筛选特征就像流水在无外力作用下不会往高处流一样，因此在下方的事实表无法实现对维表的筛选。维表与维表之间也无法通过事实表传递筛选。

（2）维表与事实表原本是数据库术语。我们从另一个角度理解这两种数据表，可以更好地掌握它们的特性。维表在数据模型中一般用于提供分析问题的角度，也就是用于查找分析维度，因此又叫查找表（Search Table）。而事实表一般用于存储交易记录，重点存储计算数值，除了索引列以外，事实表其他的描述性信息都可以转化成维表。因此事实表又叫数据表。

3.4 以 SUM() 函数为代表的聚合函数

以 SUM() 函数为代表的聚合函数是 Power Pivot 数据建模中基础的函数，也是比较容易掌握的函数。它们很多都是从 Excel 中迁移而来的，因此其在拼写及功能上与 Excel 中相应的函数基本保持一致。值得注意的是，聚合函数的计算范围是计值上下文指定的环境，而 Excel 函数的计算范围由其参数指定。任何不指定计值上下文的聚合，都是对数据模型中完整一列数据的聚合。只有借助计值上下文才能确定聚合的数据范围。这也是 DAX 函数比 Excel 函数更抽象的原因。

3.4.1 基础聚合函数

在数据分析过程中，经常需要对数据明细进行聚合操作，比如求总销量、求平均销售单价、求最大/最小发货天数、求总订单数量等，这些操作可分别使用 DAX 中的聚合函数 SUM() 函数、AVERAGE() 函数、MAX()/MIN() 函数、COUNT()/DISTINCTCOUNT()/COUNTROWS() 函数实现。以上函数中除了 DISTINCTCOUNT() 函数与 COUNTROWS() 函数以外，其他函数对读者来说可能并不陌生。

如果在创建度量值时，只引用一列，而不使用聚合函数，那么 Power Pivot 将会报错，如图 3-27 所示。Power Pivot 引用的某列，需要通过聚合函数进行统计汇总后才能在数据透视表中使用。聚合函数的作用就是按照指定的聚合方式将一列数值转换成单一的值。

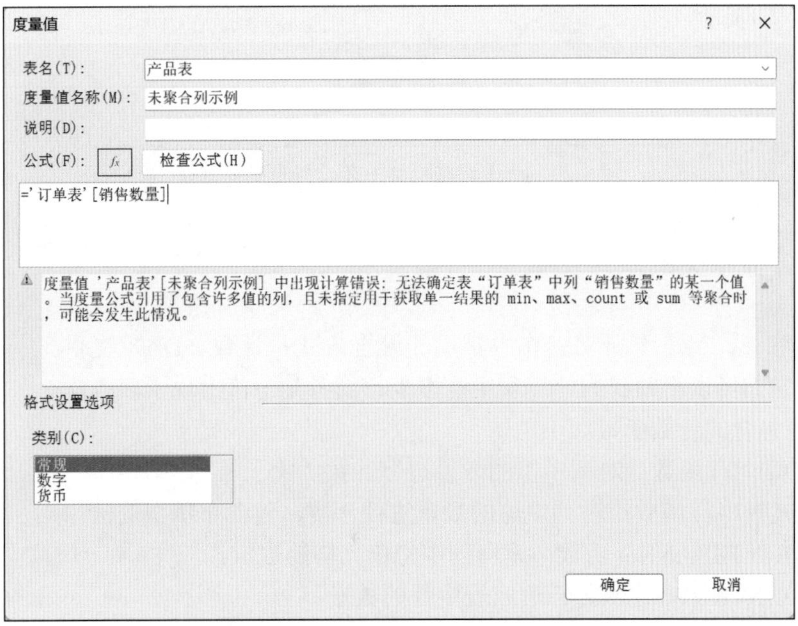

图 3-27　Power Pivot 的报错信息

在前面我们已经学习了在"度量值"对话框中使用聚合函数创建度量值。我们可以通过 Power Pivot 窗口的功能区的"自动汇总"下拉列表中的选项使用基础聚合函数创建度量值。

以使用 AVERAGE() 函数计算平均销售单价为例介绍基础聚合函数的用法。打开 Power Pivot 窗口，单击销售单价列，在功能区中找到"自动汇总"，单击其右边的下拉按钮，在其下拉列表中可以看到几个基础的聚合功能，如图 3-28 所示。选择其中的"平均值"即可。

通过这种方式建立的度量值虽然名字和隐式度量值的相似，但并不是隐式度量值。我们可以修改它的

图 3-28　通过"自动汇总"下拉列表的选项输入聚合函数

名称为"平均销售单价"。该度量值将出现在计算区域中。

我们可以看到，在计算区域中度量值的计算结果是所有销售单价的平均值，如图3-29所示。也就是说，计算区域中显示的度量值计算结果是没有经过任何筛选的。DAX函数的计算都是基于数据模型的，在任何没有指定计值上下文的地方使用聚合函数，其计算结果都是对数据模型中的一整列进行聚合的结果。除了计算区域外，计算列上的聚合及行、列都没有字段的数据透视表中的聚合都是基于整个数据模型的。

图3-29　基于数据模型中某一列的聚合运算

3.4.2　与计数相关的聚合函数

除了求和外，另一个日常工作中常用的聚合方式是计数。DAX提供了一系列关于计数的函数。它们可以帮助我们计算表中有多少行或者某个值出现了多少次。

DAX中包含的计数函数如下。

（1）COUNT()函数：对列中值的数量进行计数，除了布尔型的值。

（2）COUNTA()函数：对列中值的数量进行计数，包含布尔型的值。

（3）COUNTBLANK()函数：返回列中空单元格的数量。

（4）COUNTROWS()函数：返回表中行的数量。

（5）DISTINCTCOUNT()函数：返回列中不重复值的数量，包含空单元格。

（6）DISTINCTCOUNTNOBLANK()函数：返回列中不重复值的数量，剔除空单元格。

其中的COUNT()函数、DISTINCTCOUNT()函数及COUNTROWS()函数是我们经常使用的函数。

假设我们想了解不同产品类别中有多少种产品，以及这些产品是不是卖出去过（是否有交易记录），我们就可以使用以上函数来实现。在Power Pivot中建立以下度量值。

行标签 ▾	产品数量	已销售产品
办公用品	8	2
电子设备	4	4
家具	4	4
总计	16	10

图3-30　计数函数的计算结果

```
产品数量:=COUNT('产品表'[产品名称])
已销售产品:=DISTINCTCOUNT('订单表'[产品代码])
```

将产品类别设置成数据透视表的行标签，将以上两个度量值拖动到值区域，可以得到我们想要的计算结果，如图3-30所示。

由图3-30可知：办公用品类别一共有8种产品，但实际销售的仅有2种，其他的产品都未出售过，需要进一步了解原因。这里提醒读者注意，两个度量值使用的列是来自不同表的，虽然它们都代表产品，但基于它们的返回结果的业务意义是不同的。

前面讲过普通的数据透视表无法进行非重复计数，而基于 Power Pivot 数据模型的数据透视表更改汇总方式时，不重复计数功能是可用的，这是因为 DISTINCTCOUNT() 函数的存在。该函数对于列中的同一个值仅计数一次。

COUNTROWS() 函数与其他计数函数的不同点之一就是它接收的参数是表，而其他计数函数接收的参数都是列。COUNTROWS() 函数对表中的行进行计数，不管行中是否有空值，都会计数一次。大多数情况下它与 COUNT() 函数是可以互相替代使用的，具体选择哪个函数需要视业务情况决定。有时候为了避免表中空值带来的影响，需要使用 COUNTROWS() 函数进行计数。在数据模型中增加以下两个度量值。

```
销售量:=COUNT('订单表'[产品代码])
销售量_COUNTROWS:=COUNTROWS('订单表')
```

将以上两个度量值拖动到数据透视表的值区域将得到一样的结果，如图 3-31 所示。

行标签	产品数量	已销售产品	销售量	销售量_COUNTROWS
办公用品	8	2	2751	2751
电子设备	4	4	5662	5662
家具	4	4	5585	5585
总计	16	10	13998	13998

图 3-31 COUNT() 与 COUNTROWS() 函数的计算结果

3.5 以 SUMX() 函数为代表的迭代函数

迭代函数是 DAX 函数中非常重要的一类函数。它们名称的写法通常是在相应的聚合函数名称后面加一个后缀"X"，比如 SUMX()、MAXX()、RANKX() 等。迭代意味着要进行循环，而循环的基础是表，所以通常迭代函数的第一个参数都是用于循环的表，而第二个参数是定义计算方式的表达式。迭代函数及聚合函数的共同点是返回的结果都是单一的值。聚合函数仅仅接收一列作为参数，迭代函数可以接收多列作为参数，而且多列之间可以自定义计算方式。与聚合函数不同，迭代函数接收表为参数，因此它在计算过程中是需要创建行上下文的。

3.5.1 SUMX() 函数

在前文的案例数据模型中，订单表只提供了每一笔订单的产品销售数量及销售单价。如果需要计算销售总额，则首先需要计算出每一笔订单的销售额（计算公式为：销售额 = 销售数量 × 销售单价），然后将不同订单的销售额汇总起来。按照这个思路，在 Excel 中添加一列用于计算"销售额 = 销售数量 × 销售单价"就可以了。用同样的思路在 Power Pivot 数据模型中也可以实现以上操作，在 Power Pivot 窗口中新建列计算销售额，然后使用 SUM() 函数创建度量值。

迭代函数 SUMX() 可以简化以上步骤，将"销售额＝销售数量 × 销售单价"作为 SUMX() 函数的第二个参数。新建列不仅使得过程相对烦琐，还会增加数据模型的存储空间。因为新建列是存储在数据模型中的，会占用存储空间，使文件体积变大，同时降低计算效率。因此这种情况下建议使用迭代函数新建度量值进行计算。

使用 SUMX() 函数建立以下度量值。

```
销售总额SUMX:=SUMX('订单表','订单表'[销售单价]*'订单表'[销售数量])
```

行标签 ▼	销售总额	销售总额SUMX
笔记本	656,127	656,127
便签纸	74,339	74,339
打印机	8,000,092	8,000,092
电话机	794,294	794,294
复印机	9,198,918	9,198,918
沙发	817,487	817,487
书柜	6,591,261	6,591,261
移动硬盘	851,265	851,265
椅子	751,560	751,560
桌子	841,885	841,885
总计	28,577,228	28,577,228

图 3-32　SUMX() 函数的计算结果

将度量值拖动到数据透视表中，可以看到以两种方式计算的销售总额是一致的，如图 3-32 所示。

我们可以将 SUMX() 函数（也可以是其他迭代函数）的计算流程总结为以下 3 个步骤。

（1）SUMX() 函数的第一个参数是用于迭代的表。为了能准确识别每行数据不发生错行计算的现象，SUMX() 函数会自动创建行上下文。只是这里的行上下文并不是肉眼可见的，需要用抽象思维来理解。

（2）SUMX() 函数的第二个参数用于指定计算表达式，也就是在新建列时使用的计算方法。它可以是简单的两个数相减的表达式，也可以是混合在一起的四则运算的表达式，比如 '订单表'[销售单价]*'订单表'[销售数量]-'订单表'[成本]。行上下文可保证公式里参与运算的数值来自同一行。每一行的计算结果会在内存中暂存，等待参与下一步计算。

（3）将每一行暂存的计算结果汇总求和。

3.5.2　RANKX() 函数

在 Power Pivot 中用于排名计算的函数是 RANKX() 函数。RANKX() 函数也是迭代函数，用于针对参数表中的每一行，返回某个数值在数字列表中的排名。它的语法格式如下：

```
RANKX(<table>, <expression>[, <value>[, <order>[, <ties>]]])
```

除了第一个参数表及第二个参数表表达式以外，其他的参数都是可选参数。第一个参数决定在哪个表中进行排名，也就是指定在哪个维度进行排名，比如按产品名称、按产品类别等。此参数一般要配合 ALL() 函数、ALLSELECTED() 函数等使用。第二个参数则决定按什么（比如销售额、销售量等）度量排名，一般为度量值或者表达式。

如果需要按照销售总额对产品名称进行排列，有两种方法。第一种是新建计算列法。该方法比较直观，容易理解，但是缺乏灵活性。它和在 Excel 中使用 RANK() 函数计算排名的思路相似。在产品表中新建列，输入公式：=RANKX('产品表',[销售总额])，计算结果如图 3-33 所示。

第二种是新建度量值法。用 RANKX() 函数建立以下度量值。

```
排名:=RANKX(ALL('产品表'[产品名称]),[销售总额])
```

将度量值拖动到数据透视表中，得到按不同产品名称对应的销售总额排列的表，如

图 3-34 所示。

=RANKX('产品表',[销售总额])

	产品类别	产品名称	产品销售总额排名
1	家具	书柜	3
2	家具	椅子	8
3	家具	沙发	6
4	家具	桌子	5
5	电子设备	电话机	7
6	电子设备	复印机	1
7	电子设备	移动硬盘	4
8	电子设备	打印机	2

行标签	排名	销售总额
复印机	1	9,198,918
打印机	2	8,000,092
书柜	3	6,591,261
移动硬盘	4	851,265
桌子	5	841,885
沙发	6	817,487
电话机	7	794,294
椅子	8	751,560
笔记本	9	656,127
便签纸	10	74,339
信封	11	
收纳盒	11	
装订机	11	
打印纸	11	
剪刀	11	
橡皮筋	11	
总计	1	28,577,228

图 3-33 新建列中使用 RANKX() 函数计算排名　　图 3-34 RANKX() 函数的计算结果

3.5.3 CONCATENATEX() 函数

CONCATENATEX() 函数是非常实用的一个文本连接函数，也是一个特殊的迭代函数。它的主要作用是将多个值或者文本连接起来，以文本的形式输出。它能使用指定的分隔符将文本连接成一个字符串，可以理解为"文本聚合"。它输出的结果可以在 Excel 的数据透视表的值区域中显示。在 Excel 中有 CONCATENATE() 函数，它的作用是将两个或者两个以上文本字符连接。CONCATENATEX() 的语法如下：

```
CONCATENATEX(<table>, <expression>[, <delimiter> [, <orderBy_expression> [,
<order>]]...])
```

我们经常使用的是前 3 个参数。和所有迭代函数一样，CONCATENATEX() 函数的第 1 个参数是用于迭代的表；第 2 个参数是字符串连接表达式，字符串连接表达式一般使用 "&"；第 3 个参数用于指定分隔符；剩下的排序参数了解即可，并不常用。

我们可以使用 CONCATENATEX() 函数将同类产品名称连接起来，在 Power Pivot 中新建以下度量值。

```
文本连接 :=CONCATENATEX('文本连接','文本连接'[产品名称],"、")
```

打开示例文件"3.5 以 SUMX() 函数为代表的迭代函数"，就能看到"文本连接"中的产品类别字段放在行区域中，将文本连接度量值拖动到值区域，结果如图 3-35 所示。

产品类别	产品名称
家具	书柜
家具	椅子
家具	沙发
电子设备	电话机
电子设备	复印机
电子设备	移动硬盘

行标签	文本连接
电子设备	电话机、复印机、移动硬盘
家具	书柜、椅子、沙发

图 3-35 文本连接函数 CONCATENATEX() 的计算结果

3.5.4　FILTER() 函数

FILTER() 函数是一个特殊的迭代函数，其返回结果是符合筛选条件的表。在 Power Pivot 数据模型中，筛选是计算的基础。度量值计算的顺序是先筛选，后计算。FILTER() 函数的语法如下：

```
FILTER(<table>,<filter>)
```

我们可以将以上语法理解为 FILTER(表 , 筛选条件)。FILTER() 函数的第一个参数是用于筛选的表；第二个参数是筛选条件，支持多条件筛选，使用 AND() 和 OR() 函数最多可以设置两个筛选条件，而使用 "&&"（且）和 "||"（或）则可以连接两个以上的筛选条件。一般情况下迭代函数返回的是值，但是 FILTER() 函数返回的是表，因此又叫表函数。Power Pivot 窗口中没有新建表功能，因此 FILTER() 函数需要结合聚合函数使用，它也是 CALCULATE() 函数的最佳"搭档"。

一般情况下，它的作用都是减少表的行数。如果想要计算出客户城市为"上海市"的产品的销售总额，则可以在 Power Pivot 中新建如下度量值。

```
销售总额_上海:=SUMX(FILTER('订单表',RELATED('客户表'[客户城市])="上海市"),'订单
表'[销售单价]*'订单表'[销售数量])
```

行标签	销售总额SUMX	销售总额_上海
笔记本	656,127	173,366
便签纸	74,339	21,269
打印机	8,000,092	2,305,455
电话机	794,294	213,008
复印机	9,198,918	2,590,403
沙发	817,487	228,613
书柜	6,591,261	1,725,744
移动硬盘	851,265	245,721
椅子	751,560	210,630
桌子	841,885	220,136
总计	28,577,228	7,934,344

图 3-36　FILTER() 函数的计算结果

将度量值拖动到数据透视表的值区域中，得到的结果如图 3-36 所示。

对于 DAX 而言，其计算过程始于筛选，由此可见 FILTER() 函数的重要性。事实上它与 Excel 中通过列标题的筛选器对数据进行筛选的效果是一样的，FILTER() 函数只是将筛选过程"代码化"了，但是"代码化"以后的 FILTER() 函数的筛选功能更加全面、强大。

3.6　CALCULATE() 函数

CALCULATE() 函数是 DAX 函数中最重要也是最独特的函数之一。它是 Power Pivot 中唯一一个可以修改外部筛选上下文的函数。它通过"代码化"的内部参数指定筛选条件，并且与外部筛选条件共同作用，实现对筛选上下文的修改。它的语法如下：

```
CALCULATE(<expression>[, <filter1> [, <filter2> [, ...]]])
```

我们可以将以上语法简单理解成：CALCULATE(表达式 , 筛选条件 1, 筛选条件 2,…, 筛选条件 n)。

CALCULATE() 函数可以看作 Power Pivot 实现灵活计算的关键。它的第一个参数是数值计算的表达式，不是列或者表，表达式本质上与度量值是相同的，这就意味着借助第一个参数可以实现非常灵活的计算。后面的参数都是可选的筛选条件参数，筛选条件可以是布尔表达式、表筛选等，这进一步丰富了 CALCULATE() 函数的计算功能。

我们可以通过实际案例来理解 CALCULATE() 函数的特性。

3.6.1 增加筛选条件

CALCULATE() 函数基础的应用是在外部筛选条件的基础上增加额外指定的筛选条件。我们基于数据模型创建数据透视表，将产品类别字段放在行区域、销售总额度量值放在值区域。同时使用 CALCULATE() 函数创建一个新的度量值沙发销售额，度量值公式如下。

沙发销售额 :=CALCULATE([销售总额],' 产品表 '[产品名称]=" 沙发 ")

分别将销售总额及沙发销售额字段从数据透视表字段列表框中拖动到值区域中，得到的结果如图 3-37 所示。

在沙发销售额度量值中，第一个参数直接引用已经建立好的销售总额度量值作为表达式。这是度量值非常实用的一个特性。第二个参数是一个筛选条件：' 产品表 ' 产品名称 =" 沙发 "。它与数据透视表的外部筛选条件互相作用。以办公用品行的计算结果为例，销售总额列计算的是产品类别为办公用品的销售额，而

行标签	销售总额	沙发销售额
办公用品	730,466	
电子设备	18,844,569	
家具	9,002,193	817,487
总计	**28,577,228**	**817,487**

图 3-37　CALCULATE() 函数
的计算结果

沙发销售额列的计算结果为空。这是因为符合产品类别为办公用品，且产品名称为沙发的订单记录并不存在，也就是说这两个筛选条件的交集为空。而家具行中沙发销售额为 81,7487。因为沙发属于家具类别，外部筛选条件"产品类别 =" 家具 ""与参数指定的筛选条件 "' 产品表 ' 产品名称 =" 沙发 ""存在交集，此时计算的值为家具中沙发的销售额。当 CALCULATE() 函数参数指定的筛选条件与外部筛选条件作用于不同的列时，CALCULATE() 函数就为计算环境增加了筛选条件。

3.6.2 修改筛选条件

当 CALCULATE() 函数参数指定的筛选条件与外部筛选条件作用于同一列时，Power Pivot 会如何计算呢？我们将产品类别字段从行区域中剔除，将产品名称字段拖动到行区域中，得到的结果如图 3-38 所示。

观察图 3-38 所示计算结果可以发现，沙发销售额列所有行的计算结果都是 817,487，也就是沙发的销售额。按照内外部筛选条件交叉筛选的原理，沙发销售额列除了沙发所在的行外，其他行都不应该有数据。以笔记本所在的行为例，产品名称既是笔记本又是沙发的产品肯定是不存在的，也就是不

行标签	销售总额	沙发销售额
笔记本	656,127	817,487
便签纸	74,339	817,487
打印机	8,000,092	817,487
打印纸		817,487
电话机	794,294	817,487
复印机	9,198,918	817,487
剪刀		817,487
沙发	817,487	817,487
收纳盒		817,487
书柜	6,591,261	817,487
橡皮筋		817,487
信封		817,487
移动硬盘	851,265	817,487
椅子	751,560	817,487
装订机		817,487
桌子	841,885	817,487
总计	**28,577,228**	**817,487**

图 3-38　修改筛选条件的计算结果

存在相关的订单记录。而表中的计算数值为沙发的销售额，也就是说筛选条件被修改了，这是因为 CALCULATE() 函数指定的筛选条件有优先级。当 CALCULATE() 函数通过参数指定的筛选条件与外部筛选条件作用于同一列时，通过函数参数指定的筛选条件的优先级较高，计算时该条件覆盖外部筛选条件。至于为何 CALCULATE() 函数参数指定的筛选条件具有较高的优先级，将在 3.6.4 节做进一步阐述。

3.6.3 移除筛选条件

CALCULATE() 函数的筛选条件包含两种：返回布尔值的表达式或者返回表的表达式。布尔表达式可以理解为是否等于（也可以是大于、小于、不等于等逻辑判断）某个固定值。布尔表达式也叫简单筛选条件，以下条件都是布尔表达式。

```
'产品表'[产品名称]="沙发"
'日期表'[年]="Y2019"
'客户表'[客户城市]="广州市"
'日期表'[日期]>=DATE(2022,10,1)
```

前面学习的两个示例的筛选条件都是简单的布尔表达式。如果使用表表达式作为 CALCULATE() 函数的筛选条件，可以实现更高级的筛选，因此表表达式筛选可以称为高级筛选。表表达式可以是任意返回表的 DAX 函数，比如 FILTER() 函数、ALL() 函数、VALUES() 函数等。本节中我们来看看 ALL() 函数作为 CALCULATE() 函数的表筛选条件的情况。

ALL() 函数常在 CALCULATE() 函数中作为表筛选器，用于删除指定的列或者表的外部筛选条件。因此 ALL() 函数又被称为"移除筛选"函数。打开示例文件中的数据透视表，创建以下度量值。

```
销售总额_移除筛选:=CALCULATE([销售总额],ALL('产品表'[产品名称]))
```

行标签	销售总额	沙发销售额	销售总额_移除筛选
笔记本	656,127	817,487	28,577,228
便签纸	74,339	817,487	28,577,228
打印机	8,000,092	817,487	28,577,228
打印纸		817,487	28,577,228
电话机	794,294	817,487	28,577,228
复印机	9,198,918	817,487	28,577,228
剪刀		817,487	28,577,228
沙发	817,487	817,487	28,577,228
收纳盒		817,487	28,577,228
书柜	6,591,261	817,487	28,577,228
橡皮筋		817,487	28,577,228
信封		817,487	28,577,228
移动硬盘	851,265	817,487	28,577,228
椅子	751,560	817,487	28,577,228
装订机		817,487	28,577,228
桌子	841,885	817,487	28,577,228
总计	28,577,228	817,487	28,577,228

图 3-39　用 ALL() 函数移除筛选
条件的计算结果

将度量值拖动到数据透视表中，可以看到所有产品的销售总额的计算结果，如图 3-39 所示。

ALL() 函数的作用的官方说明是"返回表中的所有行或列中的所有值，同时忽略可能已应用的任何筛选器。此函数对于清除表中所有行的筛选器以及创建针对表中所有行的计算非常有用"。它的语法如下：

```
ALL( [<table> | <column>[, <column>[,
<column>[,...]]]] )
```

ALL() 函数可以接收表或者列作为参数。当给它传递的参数为一列时，它将返回这一列的不重复值的列表，也就是对参数列进行去重，同时忽略来自筛选上下文的筛选。比如 ALL(' 产品表 '[产品类别]) 返回的是办公用品、电子设备、家具。

利用 ALL() 函数能移除外部筛选条件的特性，返回数据透视表中总计行的数值。示例中销售总额_移除筛选列的所有值都等于销售总额列总计行（最后一行）的值。在每一行都计算销售总额的值，就可以轻松地计算出每个产品的销售额在销售总额中的占比，新建以下度量值。

```
销售额占比:=DIVIDE([销售总额],[销售总额_移除筛选])
```

从以上示例可以看出，CALCULATE() 函数的功能通俗地解释其实很像我们在点餐的时候，说"这道菜不要加葱"或者"鸡排加个蛋"，你在点菜的时候修改了菜单上的标准选项。CALCULATE() 函数允许通过参数的形式将数据透视表提供的筛选条件替换成想要的形式，可以增加也可以删除筛选条件。CALCULATE() 函数可以强制改变数据透视表外部筛选上下文，进而实现复杂的筛选计算。

3.6.4　CALCULATE() 函数的两个核心要点

初学 DAX 时往往很难快速地理解 CALCULATE() 函数在不同情形下的计算逻辑。笔者根据自己的经验总结了以下两个要点，希望能帮助读者更好地理解 CALCULATE() 函数如何实现对筛选条件的控制，从而为它的第一个表达式参数提供计算数据子集。

（1）无论是来自数据透视表的行或列、切片器、日程表等外部的筛选条件，还是 CALCULATE() 函数参数指定的内部筛选条件，它们之间都是"且"的关系。CALCULATE() 函数先得到所有筛选条件的"交集"，然后按照表达式进行计算。

（2）CALCULATE() 函数参数指定筛选条件是直接通过代码明确指定的，执行时有更高的优先级。当 CALCULATE() 函数通过参数指定的筛选条件与外部筛选条件作用于同一列时，通过函数参数指定的筛选条件有更高的优先级。

3.7　为什么 ALL() 函数可以移除筛选条件

在前面的示例中我们直接使用 ALL() 函数移除筛选条件，本节中我们对 ALL() 函数移除筛选条件的原理进行深入的讲解，这有助于我们理解 CALCULATE() 函数，也可以对前面总结的两个核心要点进行验证。

在数据模型中新建以下度量值。

```
销售总额ALL:=CALCULATE([销售总额],ALL('产品表'[产品类别]))
```

将以上度量值拖动到数据透视表中，得到的结果如图 3-40 所示。

ALL() 函数是怎样移除外部筛选条件的呢？ALL() 函数作用在产品类别列上时，返回的是所有的产品类别组成的列表，即 {" 办公用品 "," 电子设备 "," 家具 " }。也就是说，销售总额 ALL 度量值其实等价于以下度量值。

行标签 ▼	销售总额	销售总额_移除筛选	销售总额ALL
办公用品	730,466	730,466	28,577,228
电子设备	18,844,569	18,844,569	28,577,228
家具	9,002,193	9,002,193	28,577,228
总计	28,577,228	28,577,228	28,577,228

图 3-40　移除产品类别列的
筛选条件的计算结果

```
销售总额in:= CALCULATE([销售总额],'产品表'[产品类别] in {"办公用品","电子设备","家具" })
```

由此可以看出 CALCULATE() 函数通过参数指定的筛选条件包含所有产品类别，这个内部筛选条件与数据透视表中行标签所代表的初始筛选条件共同作用，取它们的交集。以数据透视表第一行为例，它的初始筛选条件是"产品类别 = " 办公用品 ""，而内部筛选条件是包含所有产品类别，它们共同作用，最后确定的筛选范围是所有的产品类别。于是扩大了筛选范围，清除了数据透视表中行上的产品类别的筛选，如图 3-41 所示。

行标签	销售总额	销售总额_移除筛选	销售总额ALL	销售总额in
办公用品	730,466	730,466	28,577,228	28,577,228
电子设备	18,844,569	18,844,569	28,577,228	28,577,228
家具	9,002,193	9,002,193	28,577,228	28,577,228
总计	**28,577,228**	**28,577,228**	**28,577,228**	**28,577,228**

图 3-41　筛选结果

观察以上数据透视表的计算结果，其中度量值销售总额的计算结果，在我们将行标签改成产品类别列以后，ALL() 函数的移除筛选条件作用消失了，计算结果是各产品类别自己的销售额。这是为什么呢？我们也可以用 CALCULATE() 函数的第一个核心要点来解释。销售总额度量值中，ALL() 函数的参数是产品名称，也就是说它移除的是产品名称的筛选。而数据透视表中并没有来自产品名称的筛选。从移除筛选的原理来看，办公用品中产品名称与 ALL() 函数指定的所有产品名称的交集还是属于办公用品的产品名称，因此此处计算结果是各产品类别的销售额。ALL() 函数只能移除其参数指定列的筛选，要移除多个列的筛选，可以给 ALL() 函数传递多个参数，比如 ALL(' 产品表 '[产品类别] , ' 产品表 '[产品名称])。当需要移除筛选的列多于需要保留的列时，可以使用 ALLEXCEPT() 函数，而当需要移除筛选的列为表的所有列时，直接将该表作为 ALL() 函数的参数即可。

3.8　ALL() 函数与 VALUES() 函数

在 DAX 中，有一个函数与 ALL() 函数有相同的作用，它就是 VALUES() 函数。该函数的作用也是返回一列中的唯一值，也就是对列中的项目进行去重，仅保留不重复项目。它的语法格式是：

```
VALUES(<TableNameOrColumnName>)
```

VALUES() 函数和 ALL() 函数一样接收表或者列作为参数。当接收表为参数时，该表必须是仅有一列的表，也就是 VALUES() 函数能将列转换成表。当传递的参数为一列时，返回的结果是当前上下文中该列的不重复值。当不重复值仅有一个时，返回的为值，当不重复值有多个时，则返回表。VALUES() 函数和 FILTER() 函数一样，不会强制修改外部的初始筛选上下文。它们都在已经被筛选过的表中起作用。也就是说，VALUES() 函数是尊重原有筛选的，而 ALL() 函数则会忽略筛选。

行标签	产品数量_ALL	产品数量_VALUES
办公用品	16	8
电子设备	16	4
家具	16	4
总计	**16**	**16**

图 3-42　使用 VALUES() 函数会保留
行上的筛选

新建以下两个度量值。

```
产品数量_ALL:=COUNTROWS(ALL(' 产品表 '[ 产品名称 ]))
产品数量_VALUES:=COUNTROWS(VALUES(' 产品表 '[ 产品名称 ]))
```

以上两个度量值分别使用 ALL() 函数及 VALUES() 函数对产品名称进行去重，然后使用聚合函数 COUNTROWS() 对结果表的行数进行计数。新建数据透视表，将产品类别列拖动到行区域中，将两个度量值拖动到值区域中，结果如图 3-42 所示。

我们知道 ALL() 函数常用于清除初始筛选上下文，而 VALUES() 函数则更适合用于对事实表中的某列去重，从而构建维表。VALUES() 函数另一个常用的场景是对筛选出来的文本列表去重，然后用 CONCATENATEX() 函数连接。

3.9　DAX 代码书写技巧与方法

随着学习的深入，计算需求也越来越复杂，DAX 函数就会变得越来越长。因此，了解如何高效地输入和格式化 DAX 函数就变得非常必要了。在 Power Pivot 中关于 DAX 函数的书写技巧主要有 3 种：一是灵活利用智能填充，快速输入函数及其参数；二是通过换行、缩进及对齐让 DAX 函数层次分明；三是利用 VRA/RETURN 关键字定义变量，变量不仅能提高代码的可读性，还有助于提升其计算时的性能。

3.9.1　DAX 函数输入技巧：智能填充

DAX 函数的基本语法与 Excel 中函数的基本语法相似，比如公式以等号开头，函数一般用大写字母，参数之间用逗号分隔，并用圆括号标识。但它们之间也有很大不同，主要区别就在参数的类型上：DAX 函数处理的对象是列或者表，而 Excel 函数是对单元格进行操作的。在 DAX 中，表名用单引号（''）标识，列及度量值都用方括号（[]）标识。为了更容易分辨列及度量值，列名应始终以表名开头，而度量值不应该包括表名，因为度量值并不依附于具体的表。"' 产品表 '[产品名称]" 代表产品表的产品名称列，DIVIDE([销售总额],[销售总额 _ 移除筛选]) 中的 "[销售总额]" 及 "[销售总额 _ 移除筛选]" 都是不依附于具体的表的度量值。和输入 Excel 公式时一样，在输入 DAX 代码时也可以利用 Excel 的智能填充功能，相关介绍如下。

（1）智能填充函数。很多 DAX 函数都采用不太常见的英文单词，初学时我们很难完整拼写出来，因此充分利用智能填充功能就非常必要了。比如，当我们需要输入 CALCULATE() 函数时，在公式栏中输入 "cal"（不区分大小写），Excel 会将所有包含 "cal" 的函数以列表的形式提供给我们选择，如图 3-43 所示。输入的字母越多，可选择的函数就会越少。当我们需要的函数保持高亮时，按 "Tab" 键就可以完成函数的输入了。如果我们需要输入的函数是 "CALENDARAUTO"，则可以使用 "↓" 键进行选择。

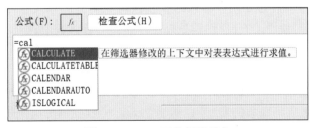

图 3-43　DAX 函数智能填充

（2）智能填充参数。DAX 函数的参数一般只有 3 种，它们是表、列和度量值。需要在 DAX 函数中使用列或者表填充参数时，输入英文单引号"'"，Excel 会提供可选参数列表，如图 3-44 所示。随着输入的信息增多，可选范围也会逐渐缩小。通过按"↑"键或"↓"键可以在列表中选择需要的参数，然后按"Tab"键输入，也可以直接双击输入。

（3）智能填充度量值。我们已经知道度量值的一个重要特性，那就是可复用性。将度量值直接引用到函数的参数中，可以让度量值更加可读，同时计算逻辑也更加清晰。在 DAX 函数中引用已经建立的度量值时，输入左方括号"["，Excel 会将当前数据模型的所有度量值都列出来备选（包含隐式度量值）。可以继续输入更多信息，缩小选择范围，也可以直接使用方向键选择需要的度量值，如图 3-45 所示。

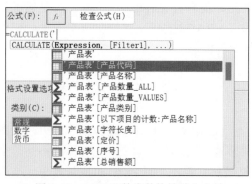

图 3-44 DAX 函数参数快捷输入方法

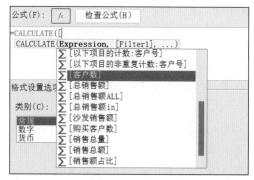

图 3-45 度量值引用

3.9.2 DAX 代码格式化规则

和其他任何计算机语言一样，DAX 也有属于它的格式规范和注释规则。DAX 代码格式化方法主要是使用换行及对齐等方式，对应的按键主要是"Enter"键和"Tab"键，当然还可以结合"Space"键对缩进距离进行微调。对 DAX 代码格式化规则，没有统一的要求。随着对 DAX 函数的深入学习，我们会形成属于自己的书写习惯。多多利用换行和缩进让代码清晰、易懂即可。笔者格式化 DAX 代码时遵循以下规则。

（1）等号、函数名称、左圆括号与函数的第一个参数写在第一行。函数的第一个参数如果是嵌套的其他函数并且很长，则建议换行。也就是第一行仅包含等号、函数名称与左圆括号，第二行开始输入函数参数。

（2）函数的不同参数需要换行输入，并且保持左对齐。输入完每一个参数以后，按"Enter"键换行，同时使用"Tab"键调整缩进，使每一行参数左对齐，可以使用"Space"键微调缩进距离。

（3）分隔参数的逗号与参数在同一行，总是位于参数的最后面。

（4）函数结尾的右圆括号独自占用一行，并且与函数开头的左圆括号对齐。

（5）如果函数参数是嵌套的 DAX 函数表达式，可以视情况决定是否分行，若分行需要遵守以上规则。

未格式化的度量值不仅影响阅读，也不容易排错。对于这种度量值，不容易分辨各部分函数参数的开始与结束，也很难判断括号是否完整，一旦运行出错，调试难度将大大增加，如图 3-46 所示。

```
公式(F): fx 检查公式(H)
=CALCULATE(SUMX('订单表',('订单表'[销售单价]-'订单表'[成本]*'订单表'[销售
数量])),'产品表'[产品名称]="沙发",'客户表'[客户城市]="广州市",'日期
表'[年]=2019)
```

图 3-46 未按规则格式化的 DAX 代码

我们按照前述规则对以上 DAX 代码进行格式化。将等号、CALCULATE() 函数名称及它的左圆括号放在第一行。CALCULATE() 函数的第一个参数是嵌套的 SUMX() 表达式且较长，因此我们将它放在第二行，逗号紧跟其后。第三行开始是 CALCULATE() 函数的筛选参数，每一个参数另起新的一行，逗号在参数的最后面，且按“Tab”键缩进、对齐。函数结尾右圆括号单独占用一行，且与 CALCULATE() 函数的左圆括号对齐。这样就能轻松地判断括号是否是成对输入的。在编写 DAX 代码时，忘记输入右圆括号是常有的事。上述代码最终效果如图 3-47 所示。

```
公式(F): fx 检查公式(H)
=CALCULATE(
            SUMX('订单表',('订单表'[销售单价]-'订单表'[成本])*'订单表'[销售数量]),
            '产品表'[产品名称]="沙发",
            '客户表'[客户城市]="广州市",
            '日期表'[年]=2019
           )
```

图 3-47 按规则格式化的 DAX 代码

3.9.3 DAX 代码注释方法

善用注释，能让 DAX 代码更整洁，更贴近自然语言表达。DAX 支持单行注释和多行注释。单行注释以“--”或“//”开头，标记后面的同一行内容在执行时被忽略。多行注释则以“/*”开头，以“*/”结尾，DAX 代码在执行时，会忽略两个标记之间的语句。为 DAX 代码添加注释以后，DAX 代码的计算逻辑就更清晰了，方便后续的维护和修改，如图 3-48 所示。

```
公式(F): fx 检查公式(H)
=CALCULATE( /* 通过SUMX()计算产品利润，这里可以用度量值替代。 */
            SUMX('订单表',('订单表'[销售单价]-'订单表'[成本])*'订单表'[销售数量]),
            '产品表'[产品名称]="沙发", -- 筛选沙发的销售记录
            '客户表'[客户城市]="广州市", -- 筛选客户城市是广州市的销售记录
            '日期表'[年]=2019 -- 筛选2019年的销售记录
           )
```

图 3-48 添加注释的 DAX 代码

3.9.4 在 DAX 中使用 VAR/RETURN

VAR/RETURN 是 DAX 中的固定语法结构。关键字 VAR 用于定义变量，RETURN 用于返回结果。在同一个 DAX 中可以用多个 VAR 定义多个变量，但是 RETURN 部分的返回结果只能有一个。在 DAX 中使用该语法结构，不仅可以提高代码的可读性，还可以显著提高代码运行时的性能。使用 VAR 可以在度量值中直接定义并使用变量名，让度量值更贴近自然语言表达，如图 3-49 所示。

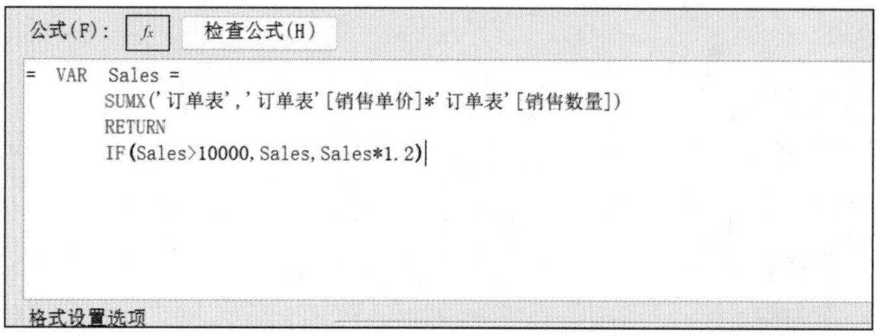

图 3-49　使用 VAR 定义变量

3.10　时间智能函数与时间智能计算

时间维度是数据分析中非常特殊的一个维度。日常数据分析中的时点分析、累计分析、同比分析、环比分析都与时间相关。几乎所有的数据模型都会涉及时间维度的计算。因此，DAX 专门提供了一系列的用于时间分析的函数，我们称其为时间智能函数。

时间智能函数可以帮助我们大大简化在时间维度上的计算。虽然时间智能函数非常丰富，功能也很强大，但它们的底层逻辑也是筛选。时间智能函数都可以认为是"语法糖"函数，它们的计算逻辑可以用 CALCULATE()、FILTER() 和 ALL() 等一系列函数组合实现。

3.10.1 日期表

日期自带非常丰富的层级结构，年、季、月、周、日、时、分、秒层层递进，自然就形成了不同的分析层级。因此只要数据中有一个或者多个日期列，那么相应的数据模型至少应该创建一个日期表，如图 3-50 所示。日期表必须符合以下两个特点。

（1）包含完整的日期范围。涉及的年份的所有日期（1 月 1 日到 12 月 31 日）都需要包含。

（2）包含一列数据类型为日期的列，用于在标记日期表时指定日期列。

Power Pivot 提供了嵌入式的日期表功能，在使用数据中的日期字段时，Power Pivot 会在包含日期列的表中自动创建一组计算列，包含日期的年份、季度、月份等。但是系统生成的日期表不够灵活、实用，因此我们需要自行创建日期表。

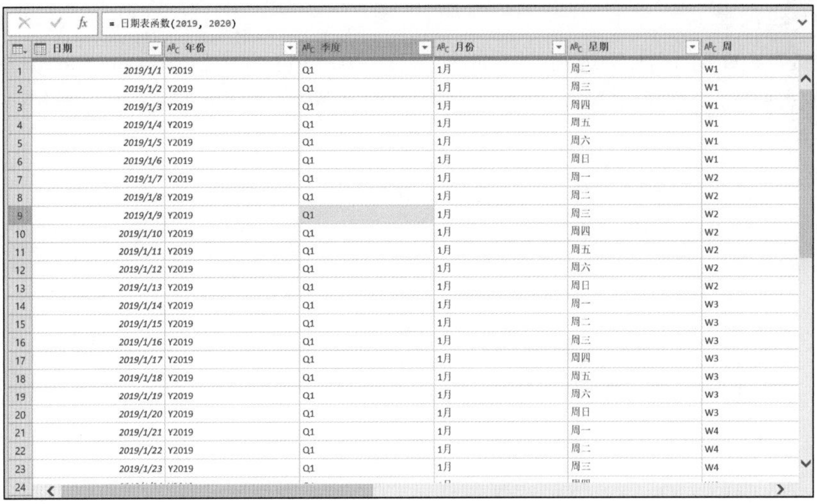

= 日期表函数(2019, 2020)

	日期	年份	季度	月份	星期	周
1	2019/1/1	Y2019	Q1	1月	周二	W1
2	2019/1/2	Y2019	Q1	1月	周三	W1
3	2019/1/3	Y2019	Q1	1月	周四	W1
4	2019/1/4	Y2019	Q1	1月	周五	W1
5	2019/1/5	Y2019	Q1	1月	周六	W1
6	2019/1/6	Y2019	Q1	1月	周日	W1
7	2019/1/7	Y2019	Q1	1月	周一	W2
8	2019/1/8	Y2019	Q1	1月	周二	W2
9	2019/1/9	Y2019	Q1	1月	周三	W2
10	2019/1/10	Y2019	Q1	1月	周四	W2
11	2019/1/11	Y2019	Q1	1月	周五	W2
12	2019/1/12	Y2019	Q1	1月	周六	W2
13	2019/1/13	Y2019	Q1	1月	周日	W2
14	2019/1/14	Y2019	Q1	1月	周一	W3
15	2019/1/15	Y2019	Q1	1月	周二	W3
16	2019/1/16	Y2019	Q1	1月	周三	W3
17	2019/1/17	Y2019	Q1	1月	周四	W3
18	2019/1/18	Y2019	Q1	1月	周五	W3
19	2019/1/19	Y2019	Q1	1月	周六	W3
20	2019/1/20	Y2019	Q1	1月	周日	W3
21	2019/1/21	Y2019	Q1	1月	周一	W4
22	2019/1/22	Y2019	Q1	1月	周二	W4
23	2019/1/23	Y2019	Q1	1月	周三	W4
24						

图 3-50 标准日期表

1. 通过 Power Pivot 创建

在 Power Pivot 的“设计”选项卡中有创建日期表的选项，如图 3-51 所示。

图 3-51 创建日期表的选项

选择“新建”以后，Power Pivot 会自动根据现有数据中的日期列创建日期表，如图 3-52 所示。

在 Power Pivot 中创建日期表虽然方便，但是自动生成的列都是英文的，对于分析来说并不是很方便。而且 Power Pivot 根据模型中的所有日期确定日期表的范围，有时候会造成冗余。因此我们可以通过 M 代码创建日期表。

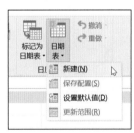

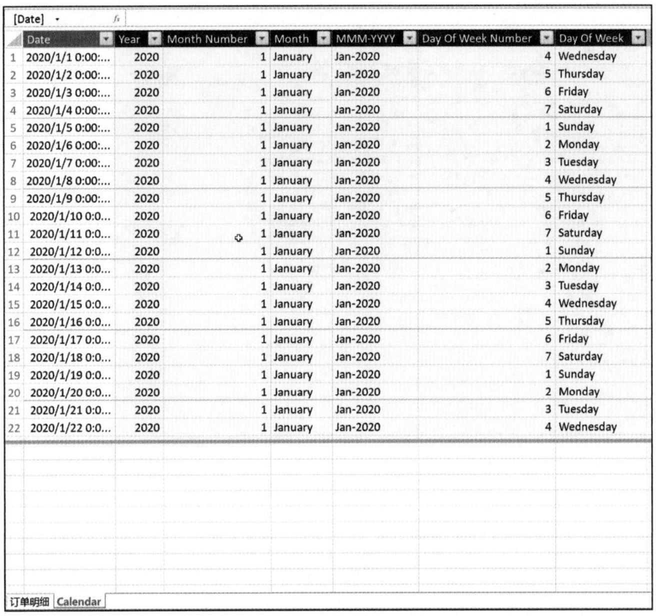

	Date	Year	Month Number	Month	MMM-YYYY	Day Of Week Number	Day Of Week
1	2020/1/1 0:00:...	2020	1	January	Jan-2020	4	Wednesday
2	2020/1/2 0:00:...	2020	1	January	Jan-2020	5	Thursday
3	2020/1/3 0:00:...	2020	1	January	Jan-2020	6	Friday
4	2020/1/4 0:00:...	2020	1	January	Jan-2020	7	Saturday
5	2020/1/5 0:00:...	2020	1	January	Jan-2020	1	Sunday
6	2020/1/6 0:00:...	2020	1	January	Jan-2020	2	Monday
7	2020/1/7 0:00:...	2020	1	January	Jan-2020	3	Tuesday
8	2020/1/8 0:00:...	2020	1	January	Jan-2020	4	Wednesday
9	2020/1/9 0:00:...	2020	1	January	Jan-2020	5	Thursday
10	2020/1/10 0:0...	2020	1	January	Jan-2020	6	Friday
11	2020/1/11 0:0...	2020	1	January	Jan-2020	7	Saturday
12	2020/1/12 0:0...	2020	1	January	Jan-2020	1	Sunday
13	2020/1/13 0:0...	2020	1	January	Jan-2020	2	Monday
14	2020/1/14 0:0...	2020	1	January	Jan-2020	3	Tuesday
15	2020/1/15 0:0...	2020	1	January	Jan-2020	4	Wednesday
16	2020/1/16 0:0...	2020	1	January	Jan-2020	5	Thursday
17	2020/1/17 0:0...	2020	1	January	Jan-2020	6	Friday
18	2020/1/18 0:0...	2020	1	January	Jan-2020	7	Saturday
19	2020/1/19 0:0...	2020	1	January	Jan-2020	1	Sunday
20	2020/1/20 0:0...	2020	1	January	Jan-2020	2	Monday
21	2020/1/21 0:0...	2020	1	January	Jan-2020	3	Tuesday
22	2020/1/22 0:0...	2020	1	January	Jan-2020	4	Wednesday

图 3-52 自动创建的日期表

2. 通过 M 代码创建

通过自定义的 M 代码生成日期表非常方便，可以自定义日期区间。启动 Power Query 编辑器，在查询列表中单击鼠标右键，在弹出的菜单中选择相应命令，新建一个空查询，如图 3-53 所示。

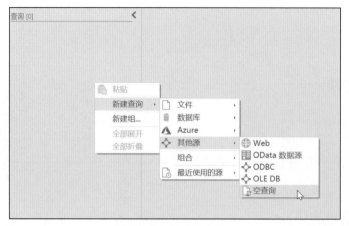

图 3-53　新建空查询

单击"主页"→"高级编辑器"，将原来的内容清除，输入以下生成日期表函数的 M 代码（可以在示例文件"3.10 日期表生成函数"中找到），如图 3-54 所示，单击"完成"。

图 3-54　使用 Power Query 制作日期表

根据需要设置开始年份和结束年份，如图 3-55 所示。单击"调用"就可以生成我们需要的日期表了。

为了保证时间智能函数能正常计算，将日期表加载到 Power Pivot 之后，需要将其标记为日期表。具体操作为：打开 Power Pivot，选中日期表。单击"设计"→"标记为日期表"，在弹出的对话框中指定日期为日期列即可标记为日期表，如图 3-56 所示。

图 3-55　调用 M 函数　　　　　　图 3-56　标记为日期表

在之前讲解 CALCULATE() 函数时使用的数据模型中通过以上方式增加一张日期表，标记为日期表，然后将日期表与订单表建立关系，关系列为订单表的订单日期列与日期表的日期列，如图 3-57 所示。该数据模型将作为我们讲解时间智能函数的示例文件。

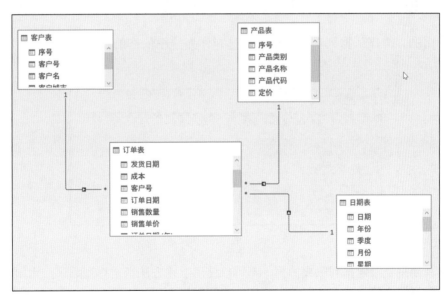

图 3-57　增加日期表的数据模型

3.10.2　按列排序

使用日期表还需要掌握一个技巧：按列排序。日期表中的字段，比如年月、季度、周等字段都是文本字符串，直接用在数据透视表中，会出现排序混乱的情况，如图 3-58 所示。

无论我们按升序还是降序来排列，都不会得到正确的顺序。因为文本是按照首字符排序的。因此需要使用单独的列指定排序依据。在日期表中，我们已经提前准备了相应的字段用于指定排序的顺序。以年月字段为例，我们已经准备好了排序依据为年月排序列。按列排序的具体操作为：在 Power Pivot 中选中日期表，单击年月列，选择"主页"→"按列排序"，如图 3-59 所示。

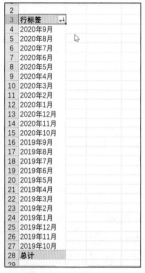

图 3-58　年月字段在数据透视表中排序混乱

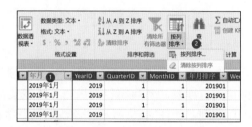

图 3-59　按列排序

在弹出的"排序依据列"对话框中，选择作为排序依据的列"年月排序"即可，如图 3-60 所示。

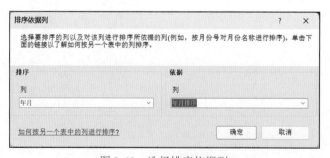

图 3-60　选择排序依据列

对于其他需要指定排列顺序的列，都可以使用上述方法指定排列顺序，比如常用的等级排序、职位排序等。该方法和 Excel 中的编辑自定义排序列表相似。

3.10.3　时间智能函数的底层逻辑

在 Power Pivot 中，万物始于"筛选"，也离不开筛选。我们以计算年累计销售额为例，看看时间智能函数是如何简化筛选的。

借助时间智能函数中的 TOTALYTD() 函数，我们可以轻松实现年累计数的计算，该函数的语法格式是 TOTALYTD(计算表达式 , 日期表日期列)。第一个参数可以是度量值，也可以是计算表达式，第二个参数是日期，需要是日期表中的日期列。使用 TOTALYTD() 计算年累计销售额的度量值如下：

```
年累计销售额 = TOTALYTD([销售总额],'日期表'[日期])
```

将年月字段拖动到数据透视表的行区域，将销售总额及年累计销售额拖动到值区域，结果如图 3-61 所示。从中可以看到 1 月的销售总额及年累计销售额都是 1 月当月的销售额。2 月销售总额计算的是 2 月当月的销售额，而年累计销售额计算的是 1 月及 2 月的累计销售额，正是我们需要的计算结果。

为了更加清晰地理解年累计销售额的内在计算逻辑，我们可以在不使用时间智能函数的前提下构建度量值进行计算。需要计算年累计销售额 - 计算原理，那么其实只要对日期表进行筛选，设置筛选条件为年份等于当前年份，同时日期小于当前日期区间的最大值即可。用 FILTER() 函数可以实现以上计算需求，代码如下：

```
年累计销售额_计算原理= CALCULATE([销售总额],
          -- 筛选出日期在当年且小于当前日期区间最大值的所有日期
          FILTER(ALL('日期表'),
              -- AND表示两个条件同时满足
              AND(
                  '日期表'[年份] = MAX('日期表'[年份]),
                  '日期表'[日期] <= MAX('日期表'[日期])
              )
          )
      )
```

度量值计算的结果如图 3-62 所示。可以看到两种方法计算的结果都是一样的。

年份	Y2020	
行标签	**销售总额**	**年累计销售额**
2020年1月	2,742,095	2,742,095
2020年2月	2,283,673	5,025,768
2020年3月	2,383,931	7,409,699
2020年4月	2,226,119	9,635,818
2020年5月	2,360,902	11,996,720
2020年6月	2,388,802	14,385,522
2020年7月	2,282,185	16,667,706
2020年8月	2,363,044	19,030,750
2020年9月	2,365,379	21,396,128
2020年10月	2,555,705	23,951,833
2020年11月	2,419,673	26,371,506
2020年12月	1,940,455	28,311,961
总计	**28,311,961**	**28,311,961**

图 3-61　年累计销售额

年份	Y2020		
行标签	**销售总额**	**年累计销售额**	**年累计销售额_计算原理**
2020年1月	2,742,095	2,742,095	2,742,095
2020年2月	2,283,673	5,025,768	5,025,768
2020年3月	2,383,931	7,409,699	7,409,699
2020年4月	2,226,119	9,635,818	9,635,818
2020年5月	2,360,902	11,996,720	11,996,720
2020年6月	2,388,802	14,385,522	14,385,522
2020年7月	2,282,185	16,667,706	16,667,706
2020年8月	2,363,044	19,030,750	19,030,750
2020年9月	2,365,379	21,396,128	21,396,128
2020年10月	2,555,705	23,951,833	23,951,833
2020年11月	2,419,673	26,371,506	26,371,506
2020年12月	1,940,455	28,311,961	28,311,961
总计	**28,311,961**	**28,311,961**	**28,311,961**

图 3-62　年累计销售额 - 计算原理

由此可见，使用时间智能函数可以简化 DAX 代码。其实时间智能函数最大的作用就是将常用的时间计算逻辑进行封装，将计算流程函数化，方便用户直接调用。因此可以说时间智能函数其实是一种"语法糖"函数。

3.10.4 时间智能函数的分类

在 Power Pivot 中，时间智能函数目前共有 35 个，很多函数在不同的时间粒度上出现多次，可以视为同一个函数。根据返回类型它们又分为返回表和返回值的函数，图 3-63 列举了常用的 33 个时间智能函数。

序号	返回类型	函数名称	用途
1	返回表	PREVIOUSDAY/MONTH/QUARTER/YEAR	上一日/月/季/年，作为 CALCULATE() 的参数使用
2	返回表	NEXTDAY/MONTH/QUARTER/YEAR	次日/月/季/年，作为 CALCULATE() 的参数使用
3	返回表	DATESMTD/DATESQTD/DATESYTD	月/季/年初至今，作为 CALCULATE() 的参数使用
4	返回表	SAMEPERIODLASTYEAR	去年同期，作为 CALCULATE() 的参数使用
5	返回表	DATEADD	移动指定间隔，作为 CALCULATE() 的参数使用
6	返回表	DATESBETWEEN	指定起止日期，作为 CALCULATE() 的参数使用
7	返回表	DATESINPERIOD	从指定日期移动一定间隔，作为 CALCULATE() 的参数使用
8	返回表	PARALLELPERIOD	返回指定粒度的完整区间，作为 CALCULATE() 的参数使用
9	返回值（单个日期）	FIRSTDATE/LASTDATE	第一个日期/最后一个日期
10	返回值（单个日期）	ENDOFMONTH/QUARTER/YEAR	月/季/年度的最后一天
11	返回值（单个日期）	STARTOFMONTH/QUARTER/YEAR	月/季/年度的第一天
12	返回值（度量值计算结果）	TOTALMTD/TOTALQTD/TOTALYTD	月/季/年初至今，内嵌 CALCULATE()
13	返回值（度量值计算结果）	CLOSINGBALANCEMONTH/QUARTER/YEAR	月/季/年度的期末数据，内嵌 CALCULATE()
14	返回值（度量值计算结果）	OPENINGBALANCEMONTH/QUARTER/YEAR	月/季/年度的期初数据，内嵌 CALCULATE()

图 3-63 常用的 33 个时间智能函数

返回表的函数的计算结果都是一个区间内的时间段，它们一般作为 CALCULATE() 的筛选参数使用。它们的第一个参数是日期表的日期列，然后根据指定粒度进行移动或者计算。时间向前移动使用正数间隔，时间向后移动使用负数间隔。需要指定要移动的时间间隔粒度和间隔长度。间隔粒度由关键字 DAY、MONTH、QUARTER 或 YEAR 指定。

返回值的函数包括返回单个日期的函数和直接返回度量值计算结果或者说计算表达式结果的函数。返回单个日期的函数配合其他时间智能函数可以让时间移动更加灵活和动态化。返回度量值计算结果的函数，其实内嵌了 CALCULATE() 函数。

学习时间智能函数需要学会从 DAX 函数的拼写上获取有助于理解 DAX 函数的信息。比如 DATESYTD 其实是 dates year to date 的缩写，也就是年初截至当前的所有日期。TOTALYTD 可以理解为 total of year to date 的缩写，即年初到当前日期的累计。SAMEPERIODLASTYEAR 直接翻译成中文就是去年同期。

3.10.5 计算月、季度、年初至今

计算月、季度、年初至今的问题其实就是累计计算的问题。关于这种场景的计算，DAX 函数提供了 TOTALMTD()/TOTALQTD()/TOTALYTD() 与 DATESMTD()/DATESQTD()/DATESYTD() 时间智能函数。我们已经使用过 TOTALYTD() 函数计算年累计销售额，其他时间粒度（月、季度）的计算原理是类似的，只是函数名称不同而已。

计算年累计销售额的另一个方法是使用 DATESYTD() 函数。它只有一个参数（忽略

可选参数，可选参数用于指定年度结束日期），并且该参数必须是日期表的日期列。使用 DATESYTD() 计算年累计销售额的度量值如下：

```
年累计销售额_DATESYTD = CALCULATE([销售总额],DATESYTD('日期表'[日期]))
```

DATESYTD() 返回的是年初到当前筛选上下文中包含的最后一个日期的所有日期。我们前面讲过 CALCULATE() 函数可以接受两个筛选形式，其中之一就是表。这里将 DATESYTD() 返回的表作为 CALCULATE() 函数的表筛选条件，计算出所有日期的销售额，然后累计求和，结果如图 3-64 所示。

行标签	销售总额	年累计销售额	年累计销售额_计算原理	年累计销售额_DATESYTD
		年份	Y2020	
2020年1月	2,742,095	2,742,095	2,742,095	2,742,095
2020年2月	2,283,673	5,025,768	5,025,768	5,025,768
2020年3月	2,383,931	7,409,699	7,409,699	7,409,699
2020年4月	2,226,119	9,635,818	9,635,818	9,635,818
2020年5月	2,360,902	11,996,720	11,996,720	11,996,720
2020年6月	2,388,802	14,385,522	14,385,522	14,385,522
2020年7月	2,282,185	16,667,706	16,667,706	16,667,706
2020年8月	2,363,044	19,030,750	19,030,750	19,030,750
2020年9月	2,365,379	21,396,128	21,396,128	21,396,128
2020年10月	2,555,705	23,951,833	23,951,833	23,951,833
2020年11月	2,419,673	26,371,506	26,371,506	26,371,506
2020年12月	1,940,455	28,311,961	28,311,961	28,311,961
总计	28,311,961	28,311,961	28,311,961	28,311,961

图 3-64　DATESYTD() 计算的年累计销售额

3.10.6　计算去年同期

计算去年同期的值，然后与当前的值进行比较，分别求出同比增长量及同比增长率，这就是同比分析。同比分析在日常数据分析中非常常见。计算去年同期在 Power Pivot 中有多个函数可以完成，最简单、直接的是使用 SAMEPERIODLASTYEAR() 函数。SAMEPERIODLASTYEAR 可理解为 same period last year，中文意思是去年同期。它只接收日期表的日期列作为参数，返回一年前的同一组日期，即返回的是表。计算去年同期的度量值如下：

```
去年同期 = CALCULATE([销售总额],SAMEPERIODLASTYEAR('日期表'[日期]))
```

计算出去年同期的销售总额以后，求同比增长量及同比增长率就简单了。度量值分别如下：

```
同比增长量 = [销售总额] - [去年同期]
同比增长率 = DIVIDE([同比增长],[去年同期])
```

同比分析结果如图 3-65 所示。

由于数据表中并无 2019 年 1 月到 11 月的销售记录，因此数据透视表中没有该期间的销售数据。2020 年 12 月的去年同期值和 2019 年 12 月的销售总额相同，计算结果符合我们的需求。

行标签	销售总额	去年同期	同比增长量	同比增长率
2019年12月	265,267		265,267	
2020年1月	2,742,095		2,742,095	
2020年2月	2,283,673		2,283,673	
2020年3月	2,383,931		2,383,931	
2020年4月	2,226,119		2,226,119	
2020年5月	2,360,902		2,360,902	
2020年6月	2,388,802		2,388,802	
2020年7月	2,282,185		2,282,185	
2020年8月	2,363,044		2,363,044	
2020年9月	2,365,379		2,365,379	
2020年10月	2,555,705		2,555,705	
2020年11月	2,419,673		2,419,673	
2020年12月	1,940,455	265,267	1,675,189	632%
总计	28,577,228	265,267	28,311,961	10673%

图 3-65　同比分析结果

3.10.7　计算指定时间间隔

在 Power Pivot 中用来指定移动时间间隔的函数有很多，如计算去年同期使用的 SAMEPERIODLASTYEAR() 函数，还有 DATEADD()、DATESBETWEEN()、DATESINPERIOD() 和 PARALLELPERIOD() 函数等。它们之间有很多共同点，也有特别之处，在不同的场景中可以灵活使用。

DATEADD() 函数是通用的时间智能函数，它可以自定义需要移动的时间周期及其数量。它的语法格式是 DATEADD(日期列 , 间隔周期数 , 周期类型)，第一个参数一般是日期表的日期列，第二个参数可以为正数也可以为负数。如果是正数代表向未来推移，比如未来一年或者一个月；如果是负数则代表向过去推移，比如上一年或者上一个月。第三个参数用于指定按年、月、季度或者日为单位移动。DATEADD() 返回的结果是满足条件的所有日期构成的表，所以可作为 CALCULATE() 函数的筛选参数使用。

去年同期的销售额可以用以下度量值求得：

```
去年同期_DATEADD = CALCULATE([销售总额],
            DATEADD('日期表'[日期],-1,YEAR)
            )
```

上月销售额也可以使用 DATEADD() 函数计算，度量值如下：

```
上月销售额_DATEADD = CALCULATE([销售总额],
            DATEADD('日期表'[日期],-1,MONTH)
            )
```

同理，可以计算上季销售额，度量值如下：

```
上季销售额_DATEADD = CALCULATE([销售总额],
            DATEADD('日期表'[日期],-1,QUARTER)
            )
```

计算结果如图 3-66 所示，这里需要注意的是，当行标签为年月时，上季销售额计算的其实是 3 个月前的销售额。此时季度只是作为一个数量的度量，代表 3 个月。只有在行标签明确到季度时才能正确计算上季销售额，因此使用时间智能函数时一定要结合当前的上下文进行判断。同时可以看到，DATEADD() 函数比 SAMEPERIODLASTYEAR() 函数要强大得多。SAMEPERIODLASTYEAR() 函数的功能只是 DATEADD() 函数的众多功能之一。

DATESBETWEEN() 函数的语法格式是：DATESBETWEEN(日期列 , 开始日期 , 结束日期)。它的功能，就像它的函数名称所表示的，

行标签	销售总额	上月销售额	上季销售额_ DATEADD
2019年12月	265,267		
2020年1月	2,742,095	265,267	
2020年2月	2,283,673	2,742,095	
2020年3月	2,383,931	2,283,673	265,267
2020年4月	2,226,119	2,383,931	2,742,095
2020年5月	2,360,902	2,226,119	2,283,673
2020年6月	2,388,802	2,360,902	2,383,931
2020年7月	2,282,185	2,388,802	2,226,119
2020年8月	2,363,044	2,282,185	2,360,902
2020年9月	2,365,379	2,363,044	2,388,802
2020年10月	2,555,705	2,365,379	2,282,185
2020年11月	2,419,673	2,555,705	2,363,044
2020年12月	1,940,455	2,419,673	2,365,379
总计	28,577,228	26,636,772	21,661,395

年份	季度	销售总额	上季销售额_ DATEADD
Y2019	Q4	265,267	
Y2020	Q1	7,409,699	265,267
Y2020	Q2	6,975,823	7,409,699
Y2020	Q3	7,010,607	6,975,823
Y2020	Q4	6,915,833	7,010,607
总计		28,577,228	21,661,395

图 3-66　DATEADD() 函数计算示例

返回一个从指定开始日期，一直持续到指定结束日期的所有日期。开始日期及结束日期必

须是具体的日期，可以直接使用 DATE() 函数指定具体的时间。如果筛选环境的时间粒度是月份及以上，需要配合 MAX()、LASTDATE()、ENDOFMONTH() 等返回单一日期的函数来获取具体日期作为参数。以下度量值总是计算 2020 年 1 月 3 日到 2020 年 6 月 30 日的销售额。

```
指定日期销售额 = CALCULATE([销售总额],
             DATESBETWEEN('日期表'[日期],DATE(2020,1,3),DATE(2020,6,30))
             )
```

计算结果如图 3-67 所示。

为什么 2019 年的销售额计算结果和 2020 年的一样？度量值指定计算的是 2020 年 1 月 3 日到 2020 年 6 月 30 日的销售额。这样来看当行标签为 2019 年时应该没有销售数据才对。要回答这个问题需要理解时间智能函数的底层逻辑，写成与它等价的度量值如下：

图 3-67　DATESBETWEEN() 计算示例

```
指定日期销售额_计算原理=CALCULATE([销售总额],
        FILTER(ALL('日期表'[日期]),
        '日期表'[日期]>=DATE(2020,1,3)&&'日期表'[日期]<=DATE(2020,6,30))
        )
```

答案就在度量值中的 ALL() 函数，时间智能函数运行时会通过 ALL() 函数重置上下文。这也是时间智能函数与普通日期函数的重要区别。普通日期函数依赖当前上下文，时间智能函数重置上下文。

DATESINPERIOD() 函数返回的日期从指定的开始日期开始，并按照指定的日期间隔一直持续到指定间隔周期数。它的语法格式是 DATESINPERIOD(日期列 , 开始日期 , 间隔周期数 , 周期类型)，与 DATEADD() 函数相比多了开始日期这一参数，这个参数必须是具体的日期，所以 DATESINPERIOD() 通常也需要配合 MAX()、LASTDATE()、ENDOFMONTH() 等函数使用。

以下度量值用于计算每个月前 8 天的销售额：

```
月初8天销售额=CALCULATE([销售总额],
            DATESINPERIOD('日期表'[日期],STARTOFMONTH('日期表'[日期]),8,DAY)
            )
```

PARALLELPERIOD() 函数返回包含与当前筛选环境中的日期平行的时间段，日期可以按指定的间隔向未来推移或者向过去推移。它与 DATEADD() 函数相似，但是又有不同，DATEADD() 返回的是指定周期之前同一粒度的值，而 PARALLELPERIOD() 返回的是指定的完整周期。

以下度量值用于计算去年全年销售额，即使外部筛选上下文为月份，也将计算全年销售额。

```
去年全年销售额 = CALCULATE([销售总额],
            PARALLELPERIOD('日期表'[日期],-1,YEAR)
            )
```

计算结果如图 3-68 所示。

行标签	去年同期	去年全年销售额	去年同期_DATEADD
2020年1月		265,267	
2020年2月		265,267	
2020年3月		265,267	
2020年4月		265,267	
2020年5月		265,267	
2020年6月		265,267	
2020年7月		265,267	
2020年8月		265,267	
2020年9月		265,267	
2020年10月		265,267	
2020年11月		265,267	
2020年12月	265,267	265,267	265,267
总计	265,267	265,267	265,267

图 3-68　PARALLELPERIOD() 与 DATEADD() 计算结果对比

3.11　数据透视表"杀手"：CUBE 函数

到目前为止，我们展示 Power Pivot 的计算结果时都用到了数据透视表。数据透视表非常强大，但数据透视表的局限性也非常明显。数据透视表最大的局限是它的格式设置和布局几乎是被锁定的，报表必须按照它的要求来。哪怕只想返回一个汇总值，这个值也一定要在一个数据透视表中。

CUBE 函数就是用来解决这一类问题的。利用 CUBE 函数我们可以直接与内部数据模型交互，通过指定度量和维度直接从内部数据模型中获取数据，而无须经过数据透视表。CUBE 函数也就是多维数据集函数，它出现在 Excel 中的时间其实比出现在 Power Pivot 中还早。只是在没有 Power Pivot 时，CUBE 函数的使用场景非常有限。在 Excel 的"公式"→"其他函数"→"多维数据集"中能找到所有的 CUBE 函数，如图 3-69 所示。

图 3-69　多维数据集函数

3.11.1　一键转换为公式

CUBE 的中文翻译是立方体，这其实是对内部数据模型的形象描述。它很好地表达出了 Power Pivot 数据模型能进行多维度分析的特点。使用 CUBE 函数可以不经过数据透视表，直接从内部数据模型中返回数值，如图 3-70 所示。相比通过数据透视表获取员工总数，使用 CUBEVALUE() 函数更加简单、直接，更适合开发数据仪表板时展示关键指标。

但是从图 3-69 来看，CUBE 函数一共有 7 个，相对于普通的 Excel 函数，它们的名字很长。别担心，Excel 中有一键将基于数据模型的数据透视表转换成 CUBE 公式的功能，具体操作如下。

（1）在 Excel 中，基于内部数据模型，插入数据透视表，设置行区域为年，列区域为产品类别，值区域为销售总额，同时为数据透视表添加一个产品名称切片器，如图3-71所示。

图 3-70　CUBEVALUE() 直接返回度量值计算结果

图 3-71　基于内部数据模型的数据透视表

（2）单击数据透视表中任意单元格，激活"数据透视表工具"。选择"数据透视表分析"→"OLAP 工具"→"转换为公式"，如图3-72所示。

以上步骤将数据透视表转换成了独立的单元格公式，现在你可以任意移动数据透视表中的单元格到不同地方，并且可以对单元格进行想要的格式设置。我们可以摆脱行标签和列标签，更让人惊喜的是，单元格中的值还能正常地被切片器筛选，如图3-73所示。

图 3-72　转换为公式

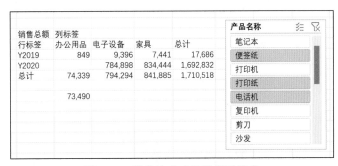

图 3-73　转换为公式的数据透视表

3.11.2　CUBE 函数输入技巧

使用转换为公式功能是输入 CUBE 函数最便捷的方法之一。但是学会从零开始输入 CUBE 函数也非常重要。CUBE 函数一共就只有 7 个，每一个都以 CUBE 开头。而且 CUBE 函数中使用频率较高，需要我们重点理解的就两个，它们是 CUBEVALUE() 与 CUBEMEMBER() 函数。

输入 CUBE 函数时只要记住 3 个标点符号就行了：英文的双引号（""）、英文的逗号（,）和英文的句号（.），双引号用于调出参数列表，逗号用于分隔参数，句号用于引出成员。每一个函数都以 CUBE 开头，结合 Excel 的智能填充输入 CUBE 函数也是很简单的事。

（1）在 Excel 工作表任意空白单元格中双击，进入公式编辑模式。输入 =cube，Excel 的智能填充功能会为我们提供所有可选的 CUBE 函数，如图 3-74 所示。使用"↓"键从函数列表中选择最后一个 CUBEVALUE()。

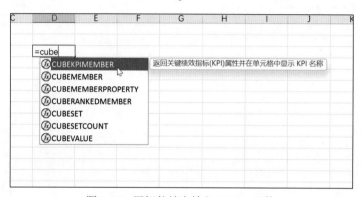

图 3-74　用智能填充输入 CUBE 函数

（2）输入双引号（"），如图 3-75 所示。此时将显示当前工作簿中现有的连接。CUBEVALUE() 函数的第一个参数是连接，连接指的是当前工作簿的数据模型。CUBE 函数的第一个参数基本都是"ThisWorkbookDataModel"，按"Tab"键输入 ThisWorkbookDataModel，然后输入一个双引号。

（3）输入逗号（,），开始输入下一个参数。再次输入双引号（"），在弹出的列表中选择"[Measures]"，如图 3-76 所示。Measures 的中文翻译是度量，其实就是当前数据模型中所有的度量值。其他选项为表，选择表时可以返回维度信息。

图 3-75　当前工作簿的数据模型

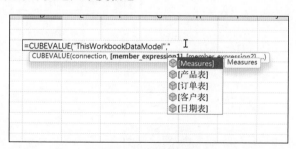

图 3-76　输入度量值

（4）输入句号（.），此时弹出的列表是数据模型中已有的所有度量值，如图 3-77 所示。从列表中选择需要的度量值。这里我们选择客户数度量值。

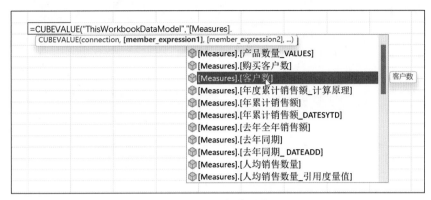

图 3-77　选择度量值

补充完双引号及函数圆括号后，按"Enter"键，我们就实现了从当前工作簿的数据模型中提取关键指标"客户数"的值。完整的 CUBE 公式如下：

```
=CUBEVALUE("ThisWorkbookDataModel","[Measures].[客户数]")
```

在整个输入过程中，我们需要背的东西并不多，通过 Excel 的智能填充基本上可以实现函数的自动输入。记住以下函数输入原则即可：第一个参数是"ThisWorkbookDataModel"，代表当前工作簿的数据模型，其他参数都为成员表达式，每个参数都可以用双引号引出。CUBE 函数的参数（除切片器）都需要用两个双引号标识，不同的参数用逗号分隔，成员使用句号引出。从列表中选中参数后，按"Tab"键将高亮内容输入。

3.11.3　CUBEVALUE() 与 CUBEMEMBER() 函数

在多维数据集函数中，CUBE 可以理解为数据立方体，Value 是其中的数值，与数据模型的度量相对应。而 Member 是 CUBE 的成员，可以是产品、日期等描述性属性，这刚好与数据模型中的维度相对应。所以 CUBEVALUE() 与 CUBEMEMBER() 函数是操作数据模型的最重要的两个 CUBE 函数。它们分别代表了度量和维度。

回到我们之前转换为 CUBE 公式的数据透视表中进行观察，双击 2020 年办公用品的销售总额数据，进入公式编辑模式，如图 3-78 所示。该单元格中使用的是 CUBEVALUE() 函数，同时引用了其他 3 个单元格，而被引用的单元格中使用的函数正是 CUBEMEMBER() 函数。

引用单元格中对应的公式分别如下所示：

```
销售总额=CUBEMEMBER("ThisWorkbookDataModel","[Measures].[销售总额]")
办公用品 =CUBEMEMBER("ThisWorkbookDataModel","[产品表].[产品类别].&[办公用品]")
Y2020 = CUBEMEMBER("ThisWorkbookDataModel","[日期表].[年份].&[Y2020]")
```

以上公式表明：CUBEVALUE() 函数是用来从数据模型中提取度量值计算结果的，而 CUBEMEMBER() 函数是用于返回数据模型中的维度信息的。它们通常会结合使用，CUBEVALUE() 函数的作用是计算，而 CUBEMEMBER() 函数的作用是筛选。

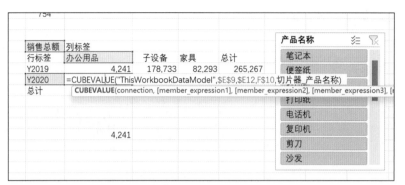

图 3-78　自动转换的 CUBE 公式

使用 CUBEMEMBER() 函数提取维度信息有两种方法。一种是使用 ALL 提取具体成员，另一种是使用 & 连接符连接成员。以下两个 CUBE 公式等价：

> 办公用品 =CUBEMEMBER("ThisWorkbookDataModel","[产品表].[产品类别].&[办公用品]")
> 办公用品 =CUBEMEMBER("ThisWorkbookDataModel","[产品表].[产品类别].[All].[办公用品]")

通过 Excel 的 OLAP 工具转换出来的 CUBE 公式使用了单元格引用，将度量值计算结果及维度都提取出来。事实上，CUBEVALUE() 函数本身也可以通过增加参数的形式，直接分类提取不同维度下的度量值计算结果。以下公式可以直接返回 2020 年办公用品的销售总额。

> =CUBEVALUE("ThisWorkbookDataModel","[产品表].[产品类别].&[办公用品]","[日期表].[年份].&
> [Y2020]","[Measures].[销售总额]")

CUBE 函数虽然名字长，输入的参数也多，但是它们的结构是非常简单的，需要的参数只有两个：连接和成员表达式。其中，连接基本上固定为"ThisWorkbookDataModel"，成员表达式可以有多个，用双引号和句号配合输入也非常简单。我们也可以通过一键转换为公式功能快速获取具体的公式，然后对转换后的数据透视表进行个性化的格式设置；还可以直接复制已有的 CUBE 公式到我们需要的地方。

3.11.4　CUBEVALUE() 与切片器联动

CUBE 函数另一个强大之处在于它能与切片器联动。在 CUBEVALUE() 函数创建的公式中可以增加切片器参数来控制从数据模型中返回的数据，因为切片器本质上也是一种维度信息。以下 CUBEVALUE() 函数从数据模型中获取销售总额，并支持产品名称切片器：

> =CUBEVALUE("ThisWorkbookDataModel","[Measures].[销售总额]",切片器_产品名称)

切片器参数在输入时也可以智能填充，当我们在参数中输入"切片器_"时，Excel 会帮我们进行智能填充，如果当前工作簿中包含多个切片器则会出现现有切片器列表。需要注意的是，切片器参数不需要双引号标识，直接输入文字即可。

正常情况下，添加切片器一般需要通过数据透视表插入。但是在 Power Pivot 数据模型中，在没有数据透视表的情况下也可以直接添加切片器。下面是在没有数据透视表的情况下插入切片器的步骤。

（1）单击 Excel 功能区中的"插入"→"切片器"。因为没有数据透视表，会弹出"现有连接"对话框，如图 3-79 所示，而不是常规的选择字段插入切片器的界面。

（2）在"现有连接"对话框中，单击"数据模型"，选中"工作簿数据模型中的表"，单击"打开"，如图 3-80 所示。

图 3-79 无数据透视表的情况下插入切片器　　　　图 3-80 选中现有数据模型

（3）弹出"插入切片器"对话框，如图 3-81 所示。勾选需要建立切片器的字段复选框，单击"确定"就可以了。

建立好的切片器就可以供 CUBEVALUE() 函数输入切片器参数时使用。CUBEVALUE() 函数中可以输入多个切片器。在原来的获取销售总额的公式中增加年月切片器，公式修改后如下：

```
=CUBEVALUE("ThisWorkbookDataModel","[Measures].[销售
总额]",切片器_产品名称,切片器_年月)
```

图 3-81 插入"年月"切片器

第 4 章　Power Query 与数据清洗

数据清洗就是对数据进行清洗和准备以满足数据分析的需求。在日常工作中，数据清洗是常有的事，当我们对数据进行筛选、分列、字符提取、删除重复等操作时，我们就是在清洗数据。而 Power Query 将这些操作都集成在其功能区中，所有步骤都以所见即所得的形式供用户选择，这让它既拥有强大的数据清洗能力，又拥有友好、实用的界面。

4.1　Power Query 简介

Power Query 翻译成中文是"超级查询"，它是存在于 Excel、Power BI 中的轻量级数据提取、转换、加载"神器"。它是复制粘贴"杀手"，能帮助你减少大量重复的手动整理工作。熟练掌握 Power Query 至少能帮你节省 80% 的数据准备时间。

图 4-1　"获取和转换数据"组中的数据加载功能

在 Excel 2016 及以上版本中，Power Query 已经内嵌到功能区的"数据"选项卡中。与 Excel 其他功能不同的是，Power Query 编辑器是独立、完整的窗口。Excel"数据"→"获取和转换数据"组中仅提供了少量常用的 Power Query 数据加载功能，如图 4-1 所示。

在功能区中，选择"数据"→"获取数据"→"启动 Power Query 编辑器"，打开 Power Query 编辑器。Power Query 编辑器与其他微软办公软件一样使用 Ribbon 风格，其主要功能集中分布在"文件"菜单和"主页""转换""添加列""视图"选项卡中，如图 4-2 所示。

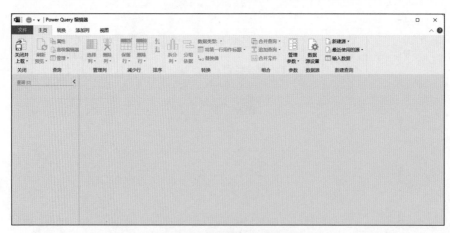

图 4-2　Power Query 编辑器

Power Query 编辑器在不同版本的 Excel 中的使用方式不同。Excel 2007 及以下版本无法使用 Power Query 编辑器，Excel 2010 及 Excel 2013 需要先下载并安装 Power Query 加载项后才能使用 Power Query 编辑器。Excel 2016 及以上版本可以直接使用 Power Query 编辑器。笔者建议读者尽量使用最新版本的 Excel（如 Microsoft 365 提供的 Excel）学习本书。

4.2 Power Query 编辑器界面一览

Power Query 编辑器与 Power Pivot 窗口一样，激活以后是独立于 Excel 的不同窗口。打开 Power Query 编辑器以后，无法直接操作 Excel。只有在单击 Power Query 编辑器右上角的 × 后才能重新回到 Excel 中。未加载数据直接启动 Power Query 编辑器时，其大部分功能都处于灰色不可用状态，如图 4-3 所示。

图 4-3　Power Query 编辑器功能区

为了能正常使用 Power Query 的功能，需要将数据导入 Power Query 编辑器中，因此使用 Power Query 的第一步就是导入数据。导入数据的方法有很多种，下面以单击"来自表格 / 区域"按钮，将示例文件夹"4.2 Power Query 编辑器界面一览"中的"销售数据"导入 Power Query 编辑器为例进行介绍。

在 Excel 中，选择"销售数据"中的任意单元格，单击"数据"→"来自表格 / 区域"就可以将 Excel 中的数据区域以智能表的形式添加到 Power Query 中，如图 4-4 所示。

图 4-4　单击"来自表格 / 区域"

此时，"销售数据"会直接导入 Power Query 编辑器中，Power Query 所有的数据清洗功能处于可用状态。我们可以将 Power Query 编辑器界面分成功能区、查询列表、公式栏、数据区域、查询步骤、预览区域这 6 个部分，如图 4-5 所示。

在功能区中，单击"主页""转换""添加列""视图"，可以在不同选项卡之间切换。不同选项卡包含许多可用于选择、查看和调整数据的功能按钮。Power Query 编辑器也继承了 Excel 中的很多基础操作。比如，双击列标题可以重命名；单击查询列表右上角的 ◀ 可以折叠查询列表，折叠后单击 ▶ 可以展开查询列表，功能区及公式栏也有类似的展开及折叠功能；拖动数据区域下方的滚动条可以调整显示的数据区域；在查询、列或者功能按钮上单击鼠标右键，会弹出各自对应的菜单。

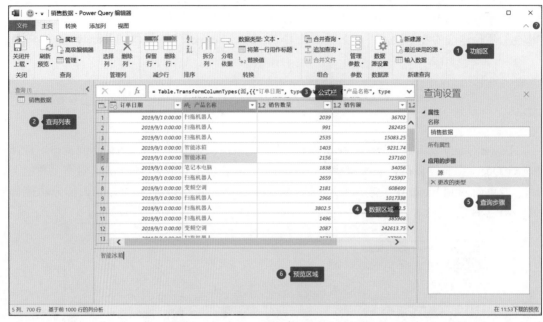

图 4-5 Power Query 编辑器界面分区情况

Power Query 中的大多数操作都是基于列或者表的。选中数据区域中的一列或者多列，单击鼠标右键，将弹出基于所选列可以执行的操作对应的命令，比如"更改类型""替换值""拆分列""合并列""重命名"等命令，如图 4-6 所示。

图 4-6 单列和多列相关操作的命令

当我们选中一行数据后单击鼠标右键时，会发现使用菜单中的可用命令只能在下方进行预览，但不能进行其他操作。除了删除行以外，对行方向上的处理需要在将数据表转置（行列互换）后进行。与 Excel 不同的是，Power Query 对数据的处理以整列为单位，数据区域中的单个值无法被编辑。比如，选中一列或多列后单击鼠标右键，选择"替换值"则会将整列中的指定值都替换掉，而不仅仅替换某一个单元格内的值。

Power Query 编辑器功能区除了包含与列相关的功能以外，还包含基于表的操作的相关功能，比如"将第一行用作标题""合并查询""追加查询"等。与这些功能作用相同的选项可以通过单击数据区域左上方的▦.调出，如图 4-7 所示。

4.3　Power Query 连接的数据类型

导入数据是数据处理的第一步。Excel 中的"数据"选项卡中的 Power Query 快捷入口基本上都是与数据连接相关的。数据

图 4-7　表相关操作的选项

连接是 Power Query 革新 Excel 工作方式的一种表现，Power Query 不仅极大地丰富了可导入的数据类型，如图 4-8 所示（本图与图 2-21 相同，为方便阅读，再次展示），还引入了"查询"概念将数据连接过程智能化、自动化。使用 Power Query 连接数据，如果数据源更新，不需要频繁复制粘贴数据，只需单击"刷新"按钮即可。

图 4-8　Power Query 可导入的数据类型

相比 Power Pivot 而言，Power Query 支持导入的数据类型更多，基本上覆盖了所有我们常见的数据类型。同时微软团队还在持续更新 Power Query 支持的数据连接器，这意味着可连接的数据类型还会不断增加。除了支持微软系列软件的数据类型以外，Power Query 还支持 XML、JSON、PDF 等非常规数据类型。

4.3.1 从文本/CSV

文本文件（TXT 文件或者 CSV 文件）因为体积小、传输方便，在职场中的应用范围很广泛。将文本文件导入 Excel，一般通过复制粘贴的方式实现。在 Power Query 中则是采用"导入"与"连接"的方式，"导入"表示指向数据所在地址，"连接"表示保持与原始数据的连接，支持刷新。"导入"和"连接"是 Power Query 导入数据的基本特点，几乎所有数据都从指定地址导入并保持与原始数据的连接。

在 Excel 功能区中，单击"数据"→"从文本/CSV"，导航到文件所在位置，选中待导入文件后单击"导入"，如图 4-9 所示。

图 4-9　导入文本文件

在弹出的窗口中，Power Query 自动对导入数据的原始格式、分隔符等进行检测。我们可以预览将要导入的数据。Power Query 默认基于前 200 行数据进行数据类型的检测。我们可以在窗口上方的下拉列表中选择基于整个数据集检测数据类型，也可以取消对数据类型的检测，如图 4-10 所示。

图 4-10　导入数据预览与数据类型检测

单击"加载"会直接将文本数据加载到 Excel 中，同时在 Excel 右侧生成查询（连接）。如果数据需要进一步整理和准备，则需要单击"转换数据"，打开 Power Query 编辑器。

4.3.2 自网站

Power Query 不仅能从本地文件中获取数据，还可以直接从网络中获取数据，实现简单的网络爬虫功能。从网络抓取的数据支持实时更新，因此 Power Query 经常用于实时抓取天气、股票涨跌、外汇牌价等数据。

Power Query 抓取网页上标准的表格数据的操作非常简单。我们可以尝试从微软官方文档在线版中抓取 DAX 包含的所有日期和时间函数。单击"数据"→"自网站"，在弹出的"从 Web"对话框中输入日期和时间函数所在的网址信息，如图 4-11 所示。

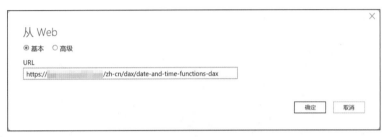

图 4-11 从网页中抓取数据

单击"确定"，在弹出的"导航器"窗口中可以看到，Power Query 识别出来的数据表不止一个。我们可以从左侧列表中选择需要的表格，在右侧"表视图"选项卡中会显示相应数据。这里"属于此类别的函数"列表是我们需要的日期和时间函数列表，如图 4-12 所示。

图 4-12 DAX 日期和时间函数列表

单击"加载"会直接将网页数据加载到 Excel 中，同时在 Excel 右侧生成查询（连接）。单击"转换数据"，则打开 Power Query 编辑器，在编辑器中可以对数据做进一步处理。

4.3.3 来自表格/区域

Power Query 的"来自表格/区域"按钮与 Power Pivot 中的"添加到数据模型"按钮的功能相似，都用于加载 Excel 表格（智能表）。选中表格中的任意单元格，单击"数据"→"来自表格/区域"，智能表中的数据就会加载到 Power Query 编辑器中。查询名称沿用智能表的名称，列标题及数据类型也与智能表的保持一致，如图 4-13 所示。如果选中的数据不是智能表或者命名区域中的数据，则会弹出"创建表"对话框，需要指定数据源的区域及是否包含表标题。

图 4-13　从 Excel 表格/区域导入数据

4.3.4 来自数据库

使用 Power Query 也可以从数据库中直接获取数据。选择"数据"→"获取数据"→"来自数据库"→"从 SQL Server 数据库"，打开"SQL Server 数据库"对话框，如图 4-14 所示，输入数据库服务器端口地址及数据库名称即可。

访问数据库需要使用相应的用户名及密码，展开"高级选项"，还可以编写 SQL 语句限定数据范围。数据库数据一般是逐条记录的数据，数据的规范性良好，表间关系明确。因此大部分数据库数据都是可以直接使用 Power Pivot 进行数据建模和计算的。对于无须清洗的数据库数据，笔者建议直接使用 Power Pivot 获取。

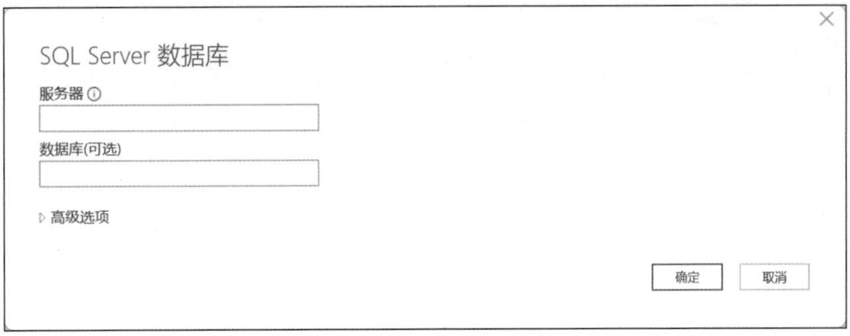

图 4-14 从 SQL Server 数据库中导入数据

4.4 数据清洗实战

通常，我们拿到的数据并不一定是想要的格式，或者并不一定能满足数据分析要求，此时数据清洗与预处理是必要的。重命名列或表、将文本更改为数字、删除行、添加列以及提升标题等都是数据清洗的基础操作。本节将讲解 Power Query 中常用的数据清洗功能。

4.4.1 数据转换

未经"打磨"的数据可以称为"脏数据"，数据清洗就是指将数据转换成结构化的、便于分析的数据。删除重复值、查找替换、删除空值等都是基础的数据转换技巧。数据转换可以理解为在原有数据的基础上进行增、删、改等操作，数据转换是 Power Query 的基础数据处理功能。

1. 转换数据类型

因为 Excel 存在隐式转换，所以它对于数据类型的要求并不高，在 Excel 单元格中输入公式"="1"+1"，返回的结果是 2。在 Power Query 中，文本类型的数据无法与数值类型的数据相加，会报错。因此，将数据加载到 Power Query 后的第一件事通常都是定义数据类型。默认情况下，Power Query 会在加载数据时，自动检测数据类型。

手动转换数据类型的方法很简单，选中需要更改数据类型的列，单击"主页"→"数据类型：文本"或者"转换"→"数据类型：文本"，从弹出的下拉列表中选择想要设置的数据类型即可，如图 4-15 所示。

另一种转换数据类型的方法是单击列标题左边的⯅，从弹出的下拉列表中选择需要的数据类型，如图 4-16 所示。

Power Query 支持多种数据类型，并且每种数据类型都有各自独特的图标，如图 4-17 所示。对于数据类型需要注意的是，当某列标题左边的数据类型图标为⯅时，代表该列的数据类型为"任意"，这意味着该列数据类型未定义或者包含多种数据类型。还有另外两种非常重要的数据类型未列在图 4-17 中，它们是空值（Null）和错误（Error）。

图 4-15 数据类型转换（1）

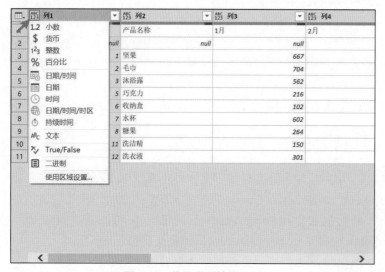

图 4-16 数据类型转换（2）

图 4-17 Power Query
支持的数据类型

出现空值的原因有很多，例如 Excel 的合并单元格中的值导入 Power Query 后就会被识别成空值。利用空值可以筛选掉无用的行，也可以将它替换成有用的数值。对于错误，我们可以通过"替换错误"和"删除错误"选项来消除它们对数据分析的影响。

2. 行与列的添加和删除

行与列的添加和删除是数据清洗的基本操作。在 Power Query 中，行的操作只有删除、保留。而列的操作则丰富得多，除了删除、保留外，还有添加、替换、提取、拆分等。行管理功能集中在"主页"选项卡的"减少行"组中。部分列管理功能在"主页"选项卡的"管理列"组中，包含"选择列"与"删除列"按钮。更多的列管理功能集中在"添加列"选项卡中。

打开示例文件"4.4.1 数据转换"，打开 Power Query 编辑器，引用"转换数据类型"查询，进一步做数据清洗。在 Power Query 中引用查询，相当于复制一个新查询，新查询与原查询始终保持一致。单击"转换数据类型"查询，然后单击鼠标右键，在弹出的菜单中选择"引用"，如图 4-18 所示。

图 4-18　引用查询

引用查询的另一种方法是新建空查询，通过 M 代码的形式生成。在查询列表的空白处单击鼠标右键，在弹出的菜单中选择"新建查询"→"其他源"→"空查询"，如图 4-19 所示。

在公式栏中输入"= 转换数据类型"。可以利用 Power Query 的智能填充功能。当输入"= 转换"以后，Power Query 会提供包含"转换"的所有可选项供我们选择，选择"转换数据类型"即可输入"= 转换数据类型"，如图 4-20 所示。

图 4-19　新建空查询

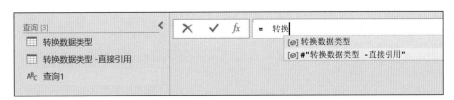

图 4-20　使用智能填充功能输入 M 代码

原数据表因为有隐藏的空行，加载到 Power Query 后，不能被正确识别出表格的标题

（标题被识别成了数据的第一行），因此我们要提升标题。单击"转换"→"将第一行用作标题"，此时表的每一列都有了正确的标题，如图 4-21 所示。

图 4-21　提升标题

提升标题以后 Power Query 会对数据表的每一列都进行数据类型检测，所以我们在"应用的步骤"列表框中可以看到"提升的标题"后面多了一个"更改的类型"步骤。微软设计这一步骤的目的是为用户提供方便，事实上这一步经常会导致后期数据刷新出错。因此我们可以将这一步骤删除。删除某个步骤的操作是：选中该步骤，单击鼠标右键，在弹出的菜单中选择"删除"即可，如图 4-22 所示；也可以直接单击步骤名左边的✕快速删除步骤。

提升标题以后，数据表的第一行是空行，需要删除。删除行与保留行的功能，基本上都可以从它们的名字判断实现的效果，并且它们很多都是相对应的，比如"删除最前面几行"与"保留最前面几行"选项，如图 4-23 所示。

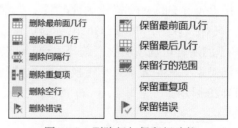

图 4-22　删除步骤　　　　　　图 4-23　删除行与保留行功能

数据表需要删除第一行，因此我们可以选择"删除最前面几行"，然后在弹出的对话框中输入"1"，如图 4-24 所示。

单击"确定"以后，第一行就会被删除。因为我们要删除的行是空行，直接选择"删除空行"也可以将其删除。如果需要根据位置确定要删除的行，可以选择"删除行"下拉列表中的前 3 个选项。如果要删除特殊的行，比如空行、错误行、重复行，分别选择"删除空行""删除错误""删除重复项"即可。删除重复行时需要注意，Power Query 是基于选择的列定义重复的。如果数据表中没有唯一标识，需要多列数据一起确定重复记录，删除重复行时就要选中所有用于区分是否重复的列。

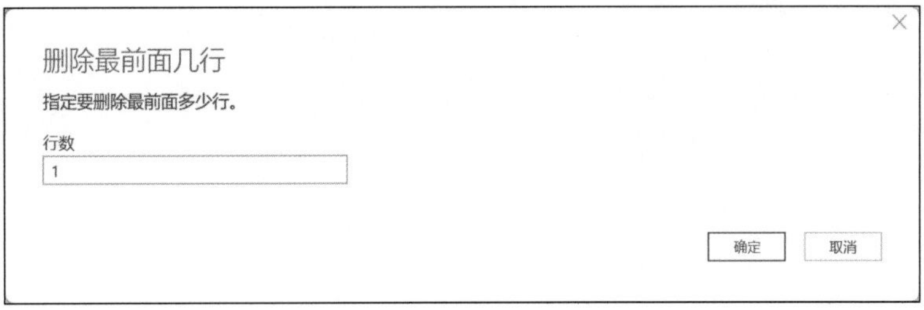

图 4-24　删除第一行数据

假设我们仅仅需要对数据表中某一季度的数据进行分析，那么为了减少干扰，我们可以将其他季度的数据删除。在 Power Query 中，选中要删除的列，单击鼠标右键，在弹出的菜单中选择"删除"即可，如图 4-25 所示。

图 4-25　删除列

当要保留的列很少，要删除的列很多时，可以选中需要保留的列，例如单击"产品名称"，按住"Shift"键，再单击"3 月"，选中"产品名称"列和"3 月"列，以及两者之间的列。单击鼠标右键，在弹出的菜单中选择"删除其他列"，如图 4-26 所示。

在 Power Query 中，按住"Ctrl"键并单击列，可以选择多个不连续的列，如果需要选择多个连续的列，可以使用"Shift"键。以上多选方法和 Excel 中选择连续与不连续的多个单元格的方法是一样的。

从多列中保留指定的列可使用"选择列"按钮。单击"主页"→"选择列"，在弹出的"选择列"对话框中，勾选需要保留的列的复选框即可，如图 4-27 所示。

"添加列"相当于在 Excel 中插入新的列，需要输入相应的公式生成新的数据。在 Power Query 中，添加的列只能出现在数据表的最后一列。选中添加的列，按住鼠标左键并左右拖动，可以改变列的位置。该操作的功能等同于图 4-28 所示的菜单中的"移动"命令的功能。

图 4-26 删除其他列

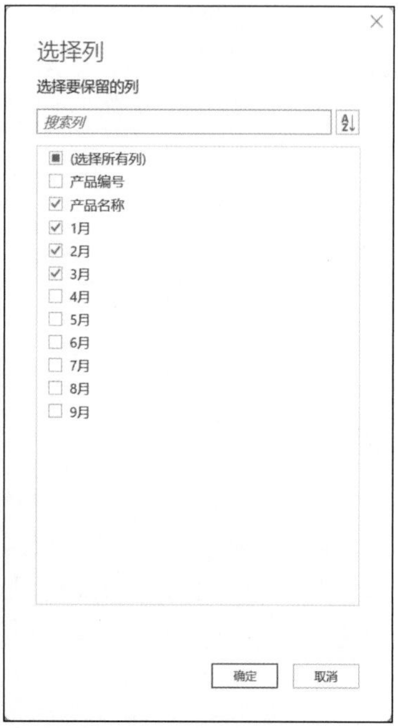

图 4-27 选择列

图 4-28 移动列

在 Power Query 中还提供了"示例中的列""自定义列""调用自定义函数""条件列""索引列""重复列"按钮，如图 4-29 所示。

通过"重复列"按钮可直接复制选中的列。通过"索引列"按钮可增加一个从 0 开始或者从 1 开始的索引列，类似于

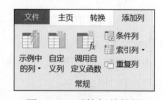

图 4-29 列的相关按钮

在 Excel 中使用 ROW() 函数生成序号。"示例中的列"按钮通过用户提供的数据判断规则，提取数据，生成新的列。"调用自定义函数"按钮需要与我们后面要学习的 M 语言相关知识结合使用。这里我们重点介绍"自定义列"及"条件列"这两个比较常用的按钮。

"自定义列"按钮可以根据用户自定义的公式在当前表中添加列，如在不同的列定义不同的四则运算。假设要计算各个产品一季度的总销售量，具体的操作步骤为：单击"添加列"→"自定义列"，在弹出的对话框中的"新列名"文本框中输入"一季度合计"，在"自定义列公式"文本框中输入"=[1 月]+[2 月]+[3 月]"。输入列名时，也可以先在"可用列"列表框中选中相应列名，然后单击"插入"，也可以直接双击列名，如图 4-30 所示。

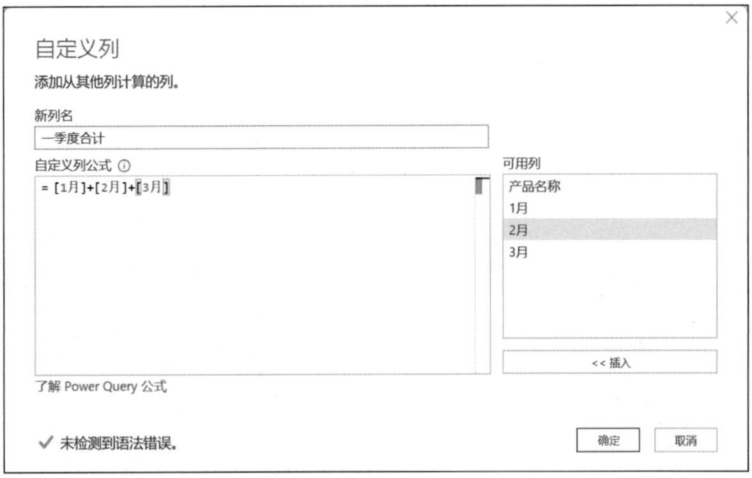

图 4-30　添加自定义列

在对列进行求和之前，需要将其类型设置为数值类型。对于产品名称列及 1 ~ 3 月销售数据列，可以使用"检测数据类型"按钮，一次性为其设置正确的类型。选中所有的列，单击"转换"→"检测数据类型"，Power Query 会自动检测适合所选列的数据类型，如图 4-31 所示。

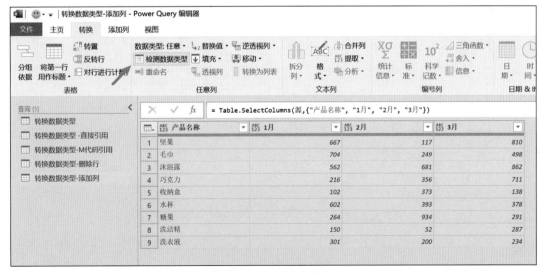

图 4-31　检测数据类型

　　"条件列"按钮的作用相当于 Excel 中 IF() 函数的作用。在 Power Query 中，可以使用"添加条件列"对话框进行条件判断，也可以在"自定义列"对话框中使用 if...then... 语句生成条件列。假设我们需要对一季度的总销售量进行分类，以 1000 为节点分成"1000 以上"及"1000（含）以下"两类。单击"添加列"→"自定义列"，输入自定义列公式"= if [一季度合计] <= 1000 then "1000(含) 以下 " else "1000 以上 ""，如图 4-32 所示。

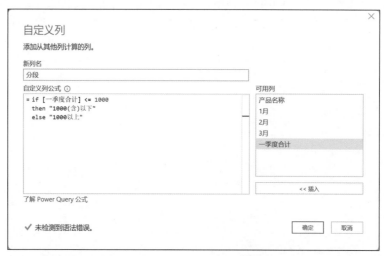

图 4-32　自定义列公式

　　如果需要进行更详细的分类，使用"条件列"按钮更方便，可设置多层逻辑判断，避免多层 if...then... 语句嵌套，使判断逻辑更清晰。单击"添加列"→"条件列"，在弹出的对话框中设置判断逻辑，如图 4-33 所示。

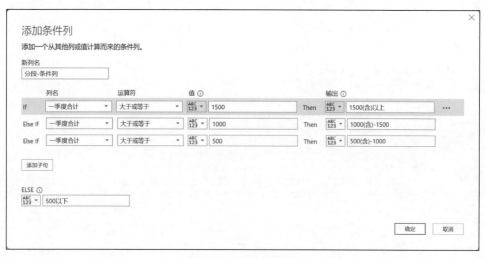

图 4-33　添加条件列

3. 筛选

　　筛选其实是删除行的一种方法，它的作用也是减少行。利用筛选器可以设置更加丰富的条件，达到精准删除行的目的。在数据清洗实战中，经常需要用筛选器删除空行或者重复的标题行（提升标题后，取消勾选列标题项目）。当然除了删除行以外，筛选器最重要的功能之一是将分析数据限定在符合条件的范围内。

在 Power Query 中，每一列的标题右侧都有一个筛选器标识，不同数据类型的列的筛选器有区别。在 Power Query 中主要有 3 种筛选器：文本筛选器、数字筛选器、日期筛选器。其中，文本筛选器与数字筛选器的可选项相似，日期筛选器的可选项最丰富，如图4-34和图 4-35 所示。

图 4-34　文本筛选器与数字筛选器的可选项

图 4-35　日期筛选器的可选项

Power Query 中筛选的方法与 Excel 中的基本一致，不同的是 Excel 中的筛选是静态的，而 Power Query 中的筛选是动态的。Excel 的筛选在源表的基础上将不满足条件的数据隐藏，留下满足条件的数据。而在 Power Query 中，筛选条件会生成新的应用步骤，满足条件的数据将被提取出来并生成新的表，并且每次刷新数据时都会重新应用筛选条件。因此当应用的筛选条件是最早、最晚或者本周、本月、本年时，筛选条件会随着时间的推移，自动匹配系统日期，实现动态筛选。

4. 拆分列与合并列

拆分列是常用的数据处理技巧。如果数据中有多种信息位于同一列，并以分隔符或者按照某种规则拼接在一起，这时需要使用拆分列功能。在 Excel 中可以使用"分列"按钮和文本提取函数拆分列，Power Query 的拆分列功能更完善，操作也更方便。

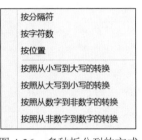

图 4-36　多种拆分列的方式

Power Query 的"拆分列"下拉列表中包括多种拆分列的方式，如图 4-36 所示。其中，"按分隔符"、"按字符数"与"按位置"的拆分方式较为常用。大小写的转换拆分在中文环境中使用较少，而数字与非数字之间的转换拆分，使用 M 函数实现更灵活。

在本节的示例数据中，产品类别代码、产品代码及产品规格的信息合并在了同一列。为了能按产品规格进行数据分析，需要将该列拆分，从中提取出产品规格数据。选择"主页"→"拆分列"→"按分隔符"，在弹出的对话框中输入分隔符"-"，同时选择"最右侧的分隔符"，如图 4-37 所示。

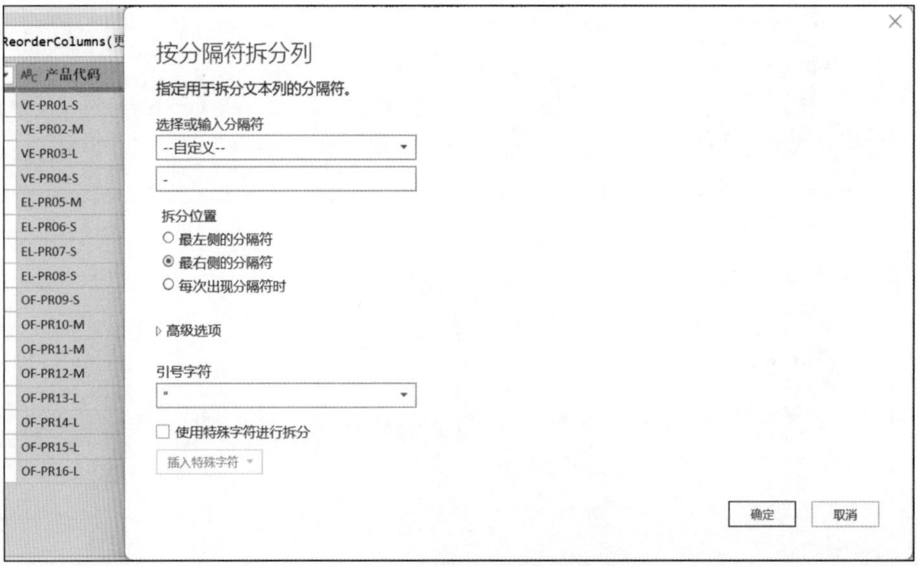

图 4-37　按分隔符拆分列

单击"确定"，产品规格数据就会从原来的列中被拆分出来，如图 4-38 所示。如果需要拆分的是产品类别代码，则需要选择"最左侧的分隔符"，如果选择"每次出现分隔符时"，则会将一列拆分为产品类别代码、产品代码及产品规格 3 列。

如果我们只需要位于中间的产品代码，可选择"主页"→"拆分列"→"按位置"。在弹出的对话框中，输入"4,7"。输入的第一个"4"是需要提取的第一个字符（P）在字符串中所在的位置，而"7"是最后一个字符所在的位置，它们之间用英文的逗号分隔，如图 4-39 所示。

⊞▾		ABC 产品类别	▾	ABC 产品代码.1	▾	ABC 产品代码.2	▾	ABC 产品名称	▾	1²₃ 价格
1		家具		VE-PR01		S		书柜		
2		家具		VE-PR02		M		椅子		
3		家具		VE-PR03		L		沙发		
4		家具		VE-PR04		S		桌子		
5		电子设备		EL-PR05		M		电话机		
6		电子设备		EL-PR06		S		复印机		
7		电子设备		EL-PR07		S		移动硬盘		
8		电子设备		EL-PR08		S		打印机		
9		办公用品		OF-PR09		S		便签纸		
10		办公用品		OF-PR10		M		笔记本		
11		办公用品		OF-PR11		M		收纳盒		
12		办公用品		OF-PR12		M		橡皮筋		
13		办公用品		OF-PR13				信封		

图 4-38　按最右侧的分隔符拆分列的效果

按位置拆分列

指定要拆分文本列的位置。

位置

4, 7

▷ 高级选项

确定　　取消

图 4-39　按位置拆分列

类似这种从字符串中提取某部分字符的问题，使用 Power Query 中的提取功能来解决更为适合。Power Query 中的"提取"下拉列表同样包含多种提取列的方式，如图 4-40 所示。我们可以按照长度、字符位置及分隔符来提取字符。

长度
首字符
结尾字符
范围
分隔符之前的文本
分隔符之后的文本
分隔符之间的文本

图 4-40　多种提取列的方式

"提取"下拉列表的多种选项与 Excel 中文本提取函数的对比情况如下。

（1）"长度"：获取所选列的字符数，与 Excel 中的 LEN() 函数功能相同。

（2）"首字符"：按指定字符数提取所选列的前 n 个字符，与 Excel 中的 LEFT() 函数功能相同。

（3）"结尾字符"：按指定字符数提取所选列的后 n 个字符，与 Excel 中的 RIGHT() 函数功能相同。

（4）"范围"：从指定的位置起，提取指定长度的字符串，与 Excel 中的 MID() 函数功能相同。

（5）"分隔符之前的文本""分隔符之后的文本""分隔符之间的文本"：提取指定的分隔符之前、之后、之间的文本。可以设置提取方向及需要忽略的分隔符数，与 Excel 中的 FIND() 函数和文本提取函数配合使用的效果相同。

产品代码信息刚好在两个"-"中间，因此我们可以选择按分隔符提取两个分隔符中间的文本。单击"转换"→"提取"→"分隔符之间的文本",在弹出的对话框中,在"开始分隔符"与"结束分隔符"文本框中都输入"-",单击"确定"即可,如图 4-41 所示。

图 4-41　提取两个分隔符之间的文本

　　细心的读者可能已经发现提取功能在 Power Query 编辑器的"转换"及"添加列"选项卡中都有。其他同时分布在这两个选项卡中的还有"格式"、"统计信息"和"标准"按钮等。它们的功能没有本质上的不同,区别仅在于是否新增一列以保存转换后的结果。"转换"选项卡中的功能是直接在原来的列上进行转换,不保留原来的列。而"添加列"选项卡中的功能则在保持原有列的同时新增一个结果列。

　　合并列是拆分列的逆操作。在 Power Query 中,选中需要合并的列,单击"转换"→"合并列",在弹出的对话框中选择分隔符,然后在"新列名(可选)"文本框中输入新的列名,单击"确定"即可,如图 4-42 所示。

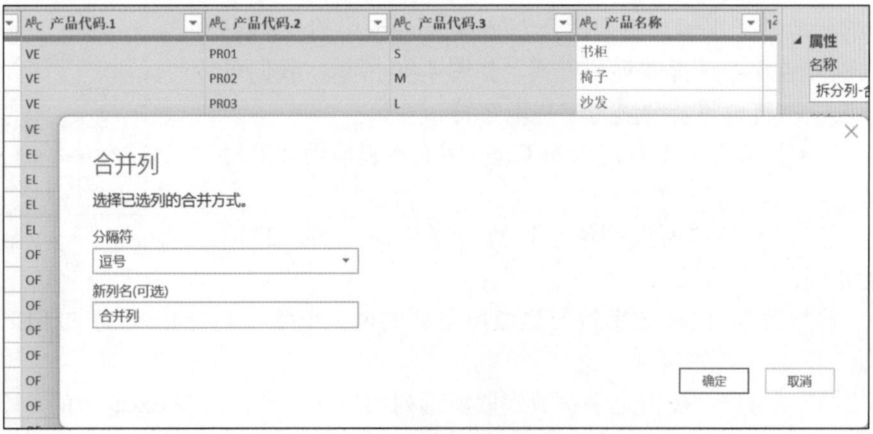

图 4-42　合并列

5. 替换与填充

　　替换是指使用指定的值替换当前列中的值。在 Power Query 中,替换功能仅提供两个预置选项,它们分别是"替换值"和"替换错误",如图 4-43 所示。"替换值"选项与 Excel 中的替换功能用法相同,"替换错误"选项可以用来避免错误对分析的干扰。

图 4-43　替换预置选项

替换功能经常用于处理数据中的缺失值。缺失值可以分成两种。一种是出现在数值列中的 null，为了避免它对数据分析的影响，通常将 null 值替换成 0。另一种缺失值是出现在文本列中的空字符串，也就是""。此时要根据实际情况进行替换，一般可以将它替换成"未知""其他"等。较简单的替换值操作是单击需要替换的值所在的单元格，然后单击鼠标右键，从弹出的菜单中选择"替换值"，如图 4-44 所示。

相比在功能区中单击"替换"按钮，以上操作可以免去输入要替换的值的麻烦。Power Query 会默认将所选单元格内容填充到"要查找的值"文本框中。我们仅仅需要在"替换为"文本框中输入"0"即可，如图 4-45 所示。

图 4-44　选择"替换值"

替换值

在所选列中，将其中的某值用另一个值替换。

要查找的值

| null |

替换为

| 0 |

确定　　取消

图 4-45　将 null 替换为 0

在 Excel 中合并单元格不但会影响数据的排序和筛选，而且会导致无法对数据进行透视分析。为了顺利地对数据进行分类汇总，需要将合并单元格拆分，并根据实际情况将单元格填充完整，如图 4-46 所示。

产品类别	产品名称	价格
家具	书柜	916
	椅子	100
	沙发	116
	桌子	117
电子设备	电话机	109
	复印机	1209
	移动硬盘	115
	打印机	1097
办公用品	便签纸	10
	笔记本	95
	收纳盒	12
	橡皮筋	10

产品类别	产品名称	价格
家具	书柜	916
家具	椅子	100
家具	沙发	116
家具	桌子	117
电子设备	电话机	109
电子设备	复印机	1209
电子设备	移动硬盘	115
电子设备	打印机	1097
办公用品	便签纸	10
办公用品	笔记本	95
办公用品	收纳盒	12
办公用品	橡皮筋	10

图 4-46　填充产品类别列

在 Excel 中并没有一键完成以上操作的方法，在 Power Query 中使用填充功能可以一键完成。为了方便读者进行对比学习，这里分别介绍 Excel 及 Power Query 中的具体操作方法。

在 Excel 中实现以上效果需要 3 步。第一步取消合并单元格，选中产品类别列中的合

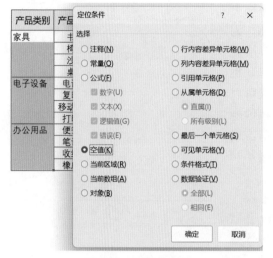

图 4-47　定位到空值

并单元格，然后单击 Excel 功能区中的"合并后居中"，取消单元格合并。第二步定位到空值，保持选中产品类别列中已取消单元格合并的区域，同时按"Ctrl+G"组合键，然后单击"定位条件"，在"定位条件"对话框中选择"空值"，如图 4-47 所示。第三步输入公式并批量填充，定位到所选区域的空值以后，输入"="，然后按"↑"键，最后按"Ctrl+Enter"组合键，批量填充公式。

前面讲过合并单元格加载到 Power Query 后会被识别成 null，所以将数据加载到 Power Query 中以后直接向下填充即可，具体操作步骤：选择产品类别列，单击"转换"→"填充"→"向下"，如图 4-48 所示。

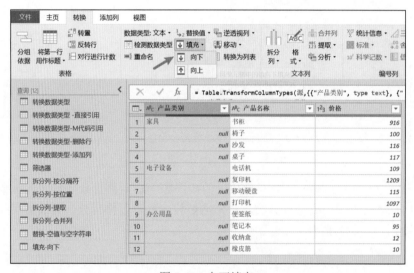

图 4-48　向下填充

4.4.2　数据合并

有时候数据虽然是规范的，但是它们分布在不同的表或者文件中，我们需要将它们合并。Power Query 不仅能对原有数据进行增、删、改等清洗操作，还可以对原有数据进行丰富，比如在纵向或者横向增加更多的数据。数据合并功能是对数据转换功能的扩展，数据合并功能也是后面将要学习的批量合并文件的基础。

1. 追加查询

追加查询可以理解为将多个数据集"头尾相连"合并在一起，也就是将多个数据集纵向追加在一起，追加查询可增加表的行数。追加的数据可以是以 Excel 文件格式保存的，也可以是以其他多种文件格式保存的。处理文件追加的方法一般是复制粘贴，这种方法显

然是烦琐的，并且非常容易出错。Power Query 的追加查询功
能在"主页"选项卡中。追加查询功能提供了两个选项，一个
是直接在源表上追加数据的"追加查询"选项，另一个是生成
新的查询并保存追加结果的"将查询追加为新查询"选项，如
图 4-49 所示。

图 4-49　追加查询功能

追加列数和列标题一样的表格是基础的追加操作。新建
Excel 工作簿，将本节示例文件"4.4 数据清洗实战\4.4.2 数据合并\追加查询\202201.csv"
的"银行贷款明细信息表"加载到 Power Query 中。在 Excel 中单击"数据"→"从文本/
CSV"导入该文件。对数据进行简单的清洗，比如对 2022 年 1 月的数据提升标题、更改
数据类型并将空行删除，如图 4-50 所示。

	日期	贷款账号	贷款余额	不l
1	2022/1/1	CIT-1234567890	80000	
2	2022/1/2	CIT-0987654321	100000	
3	2022/1/3	CIT-2468013579	200000	
4	2022/1/4	CIT-9876543210	50000	
5	2022/1/5	CIT-1357908642	300000	
6	2022/1/6	CIT-246824680	150000	
7	2022/1/7	CIT-8642097531	70000	
8	2022/1/8	CIT-7531902468	120000	
9	2022/1/9	CIT-6802468013	180000	
10	2022/1/10	CIT-1357924680	250000	

▲ 属性
名称
202201
所有属性

▲ 应用的步骤
　源
　提升的标题
　更改的类型
✕ 已删除的空行

图 4-50　2022 年 1 月银行贷款明细数据的清洗结果

以同样的方法将 2022 年 2 月、2022 年 3 月银行贷款明细数据加载到 Power Query 编
辑器中，根据需要对数据进行简单的清洗，然后以"仅创建连接"的方式将数据加载到
Excel 中。在 Power Query 编辑器中选择"主页"→"关闭并上载"→"关闭并上载至 ..."，
在弹出的"导入数据"对话框中，选择"仅创建连接"，如图 4-51 所示。

加载完毕以后，在 Excel 右边的"查询 & 连接"窗格中，可以看到现有连接情况及连
接方式，如图 4-52 所示。单击"数据"→"查询和连接"就可以打开或者关闭"查询 &
连接"窗格，双击连接名称就可以打开 Power Query 编辑器。

图 4-51　选择"仅创建连接"

图 4-52　Excel 的"查询 & 连接"窗格

接下来在 Power Query 编辑器中，完成对数据的追加。在查询列表中，选中查询"202201"，然后在功能区中单击"主页"→"追加查询"→"将查询追加为新查询"，在弹出的对话框中，在"这一张表"下拉列表中选择"202201"，在"第二张表"下拉列表中选择"202202"，单击"确定"就可以完成对"202201"及"202202"的追加，如图 4-53 所示。

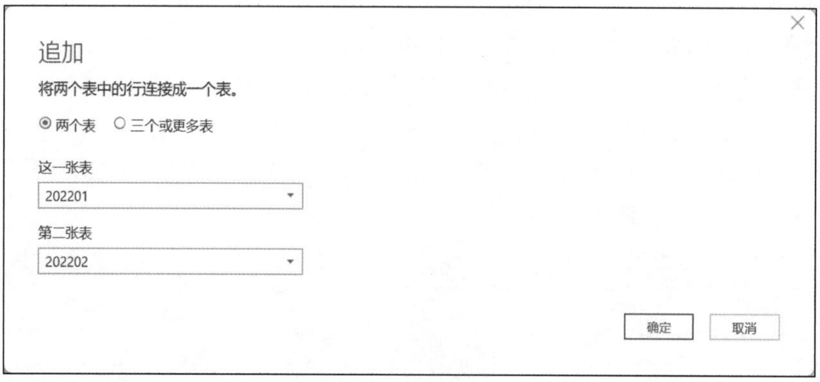

图 4-53　追加查询

对于 2022 年 3 月银行贷款明细数据，可以通过新的查询追加，也可以在追加 2022 年 1 月及 2022 年 2 月银行贷款明细数据时，选择"三个或更多表"，然后按住"Ctrl"键在"可用表"列表框中连选 2022 年 2 月、2022 年 3 月对应的查询，单击"添加"，将其添加到"要追加的表"列表框中，单击"确定"，如图 4-54 所示。

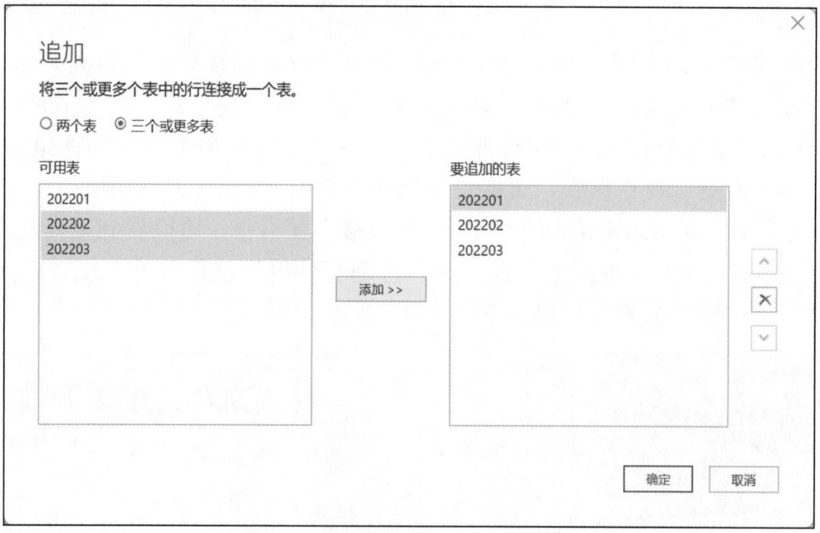

图 4-54　追加查询 3 个及以上的表

如果要追加查询的表的列标题不一样，会出现什么情况呢？如果 2022 年 4 月银行贷款明细数据的日期列的标题不小心被改成"贷款日期"，这一列与之前月份数据的日期列本质上是一样的，都代表贷款产生的日期。但是列标题不一致时，Power Query 就无法将它们识别成同一列了。Power Query 在追加查询时，是按照列标题而不是列的顺序进行的。列标题匹配时数据就能正常追加在一起。对于列标题不一致的数据，Power Query 把它们当成两列处理，分别添加到新的查询中。对于未匹配到的、缺失的部分，Power Query 将以 null 填充，如图 4-55 所示。

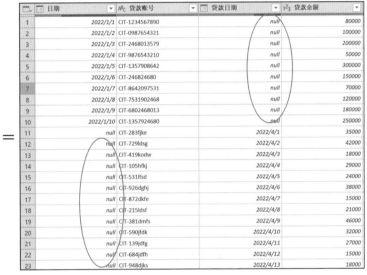

图 4-55　列标题不一致时的追加查询

2. 合并查询

合并查询可以理解为基于互相匹配的列将多个数据集"手牵手"连接在一起，也就是将多个数据集横向合并在一起，合并查询可增加表的列数。合并查询与 Excel 中的 VLOOKUP() 函数功能相似。VLOOKUP() 函数是使用较频繁的数据匹配函数。在进行多列查找、逆向查找等操作时，VLOOKUP() 函数一般需要配合 COLUNM()、INDEX(MATCH()) 等函数嵌套使用。在 Power Query 中，通过单击就可以完成合并查询。Power Query 的合并查询功能在"主页"选项卡中。合并查询功能提供了两个选项，一个是直接在源表上合并数据的"合并查询"选项，另一个是生成新的查询保存合并结果的"将查询合并为新查询"选项，如图 4-56 所示。

图 4-56　合并查询功能

为了丰富数据分析的维度，我们经常需要将两个或者两个以上的表合并起来。例如，将示例文件"4.4 数据清洗实战\4.4.2 数据合并\合并查询.xlsx"中的库存信息表及销售明细表以连接的方式加载到 Power Query 中，为了分析不同饮料类型的销售情况及成本情况，需要通过 SKU 码列将两个表合并。选中销售明细表，在功能区中单击"主页"→"合并查询"→"将查询合并为新查询"，在弹出的对话框中，上方的表默认为销售明细表，从第二个下拉列表中选择"库存信息表"，分别单击两个表的 SKU 码列，其他选项保持默认设置，单击"确定"，如图 4-57 所示。

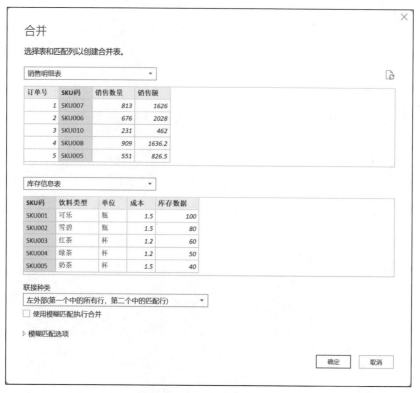

图 4-57　基础合并查询操作

　　此时销售明细表右边增加了库存信息表列。新增的列与普通的列不同，它保存的是绿色字体的"Table"字样的数据。其类型是 Power Query 中的结构化数据类型之一：表。它能把整个表的数据存储在 Power Query 的单元格中，从而实现非常丰富的操作。我们将在学习 M 语言时深入学习结构化数据的特点。结构化数据支持深化、展开和预览，单击"Table"所在的单元格，在下方可以看到表格的预览信息，预览信息就是与销售明细表相匹配的商品库存信息，如图 4-58 所示。

　　此时我们只需要单击库存信息表列右上角的 ，然后在字段列表框中勾选我们需要的"饮料类型"和"成本"即可，如图 4-59 所示。

　　仅仅通过单击，就可以把库存信息表中的任意列通过 SKU 码列合并到销售明细表中，这就是 Power Query 的便捷之处。如果只是为了丰富分析维度，可以使用 Power Pivot 搭建表间关系直接跨表使用维度字段进行透视。

　　合并查询功能结合联接能发挥更大作用。合并查询的联接一共有 6 种，它们分别是左外部、右外部、完全外部、内部、左反和右反。它们之间的区别可以通过图示的方法来展示，以圆形代表两个表，交叉部分为两表的匹配部分，填充部分为保留部分，如图 4-60 所示。

图 4-58 预览结构化数据

图 4-59 展开查询

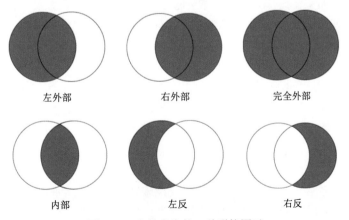

图 4-60 合并查询的 6 种联接图示

这里的左右其实可以理解为上下或者第一个、第二个。在"合并"对话框中，上方的表为左表，也是第一个表，下方的表为右表，是第二个表，它们是可以互换的。

Power Query 中合并查询的联接种类如图 4-61 所示。左外部、右外部是 VLOOKUP() 函数的使用场景，在源表上使用 VLOOKUP() 函数，返回当前表及两表互相匹配的数据，之前介绍的基础合并查询操作就是左外部。完全外部和内部与高中数学必修内容"并集和交集"的概念类似。完全外部代表并集，指直接将两个表合并，未能匹配到的数据填充 null。内部代表交集，指只保留两表互相匹配的部分。左反（右反）类似于 PPT 中的形状合并里的"剪除"，指保留不匹配记录，需将匹配部分剪除。

我们可以结合人力资源管理中的人员异动分析来理解不同联接种类的实际业务意义。假设我们有某公司的期初及期末在册员工登记表，如图 4-62 所示。在人员异动分析中，经常要分析期初在册员工是否离职、期间所有员工名单、期间未发生异动员工、期间离职员工情况。以上情况的分析可使用合并查询联接种类的左外部、完成外部、内部及左反实现。

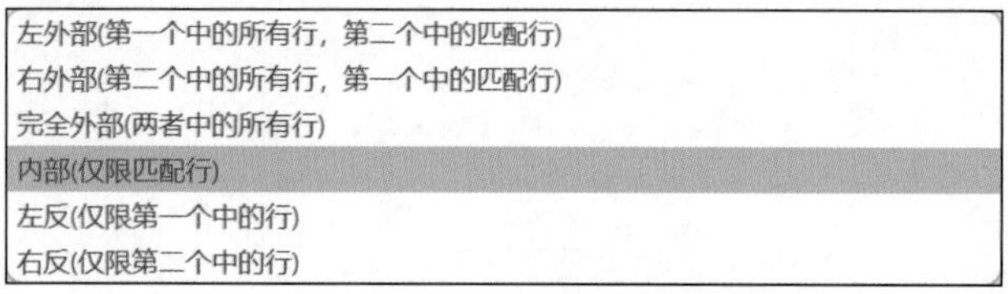

期初在册员工	期末在册员工
YG - 30001	YG - 30001
YG - 30002	YG - 30002
YG - 30003	YG - 30003
YG - 30004	YG - 30004
YG - 30005	YG - 30007
YG - 30006	YG - 30008
YG - 30007	YG - 30009
YG - 30008	YG - 30011
YG - 30009	YG - 30012
YG - 30010	YG - 30013
YG - 30011	YG - 30014
YG - 30012	YG - 30015

```
左外部(第一个中的所有行，第二个中的匹配行)
右外部(第二个中的所有行，第一个中的匹配行)
完全外部(两者中的所有行)
内部(仅限匹配行)
左反(仅限第一个中的行)
右反(仅限第二个中的行)
```

图 4-61　Power Query 中合并查询的联接种类

图 4-62　某公司期初及期末
在册员工登记表

（1）期初在册员工离职情况。

期初在册员工如果已离职，则期末在册员工列里就不会出现该员工的信息。也就是说将期初在册员工列与期末在册员工列通过"左外部 (第一个中的所有行，第二个中的匹配行)"联接种类进行合并查询，如图 4-63 所示。若能匹配到记录，则相应员工未离职，若无法匹配，则相应员工就是离职员工。

需要强调的是，这里期初在册员工列在上方，期末在册员工列在下方。由匹配结果可知 YG – 30005、YG – 30006、YG – 30010 已离职。如果图 4-63 中的联接种类改为"右外部 (第二个中的所有行，第一个中的匹配行)"，其他保持不变，则可以查找出期间入职的员工。

（2）期间所有员工名单。

期间所有员工名单包含同时出现在期初及期末在册员工名单的所有员工信息。如果使用合并查询汇总期间所有员工名单，则联接种类选为"完全外部 (两者中的所有行)"即可，如图 4-64 所示。这个解决方案是将两列数据追加以后删除重复数据，简单、直接。

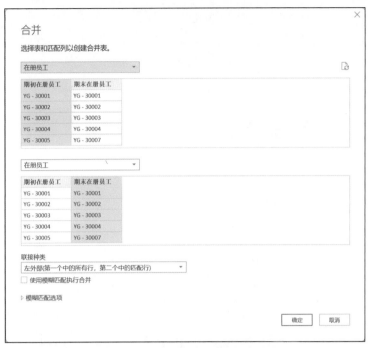

图 4-63　期初在册员工离职情况分析

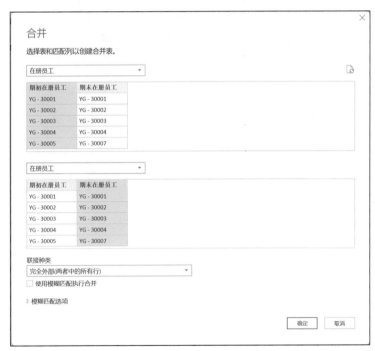

图 4-64　期间所有员工名单汇总

（3）期间未发生异动员工。

期间未发生异动员工会同时出现在期初与期末在册员工名单内。在使用合并查询进行分析时，联接种类选择"内部（仅限匹配行）"即可，如图 4-65 所示。

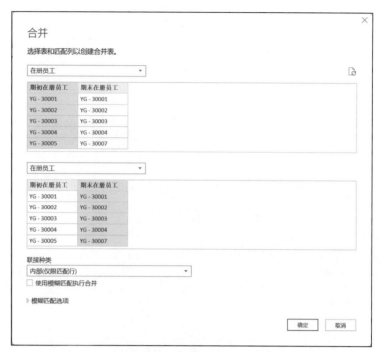

图 4-65 查询期间未异动员工

（4）期间离职员工。

期间离职员工的名字存在于期初在册员工名单内，但是不在期末在册员工名单内。使用合并查询，查询期间离职员工时，联接种类选择"左反(仅限第一个中的行)"，如图4-66所示。

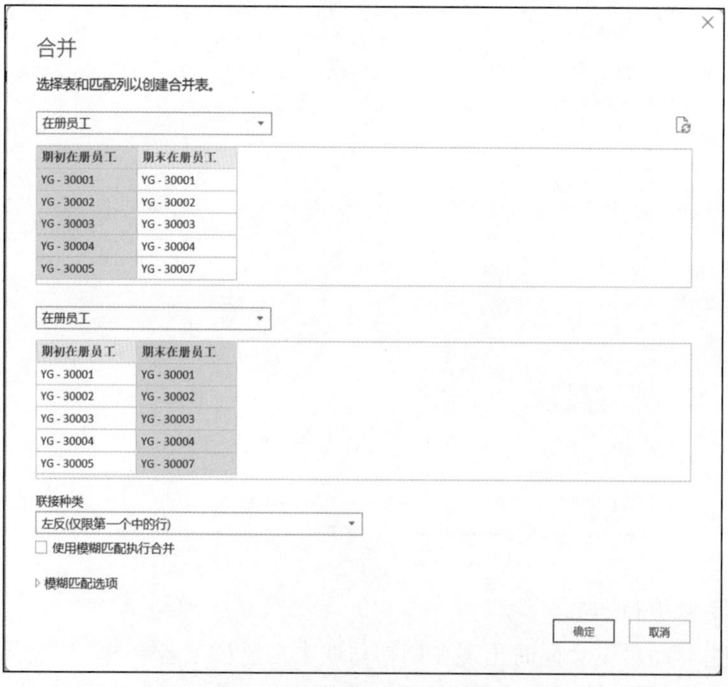

图 4-66 查询期间离职员工

如果上方选择的是期末在册员工列，下方选择的是期初在册员工列，此时的联接种类就要选择"右反（仅限第二个中的行）"。合并查询的另一个经典应用是基于多列匹配，例如，我们需要通过姓名和日期两列组合才能查看销售目标的完成情况，如图4-67所示。

图 4-67　基于多列的合并查询

选中的用于匹配的列标题的右侧有一个数字1或2，用来代表连接的顺序。在匹配时，列在源表中的顺序是不重要的。选择列的顺序，也就是选择列标题右边显示的数字代表的顺序。Power Query根据标记的顺序连接姓名和目标日期两列，然后互相匹配。

4.4.3　数值计算

虽然数值计算不是Power Query的长处，但为了满足基本的计算需求，Power Query编辑器也为用户提供了必要的数值计算功能，如列之间的标准四则运算、列的统计信息等功能。事实上，通过筛选、转换及计算等功能的组合，在Power Query中也能实现同比、环比等计算。但是笔者不建议在Power Query中进行太过复杂的、多维度的计算，因为计算不是Power Query的专长，复杂的计算可使用Power Pivot来高效完成。

Power Query编辑器功能区中直接与计算相关的功能在"添加列"→"从数字"组中，如图4-68所示，如"统计信息""标准""科学记数""三角函数"等按钮所能实现的功能。同样的功能在"转换"选项卡中也有。

为了方便用户，Power Query编辑器功能区的"统计信息"下拉列表中提供了常规的聚合运算选项，如"求和""平均值""最大值""最小值"等，如图4-69所示。

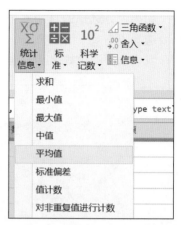

图 4-68　Power Query 计算功能　　　　　图 4-69　常规的聚合运算选项

打开示例文件"4.4 数据清洗实战\4.4.2 数据合并\合并查询.xlsx"，选中合并查询表的销售数量列，选择"转换"→"统计信息"→"求和"，整个查询过程中数据类型需转换为数值，并且公式栏中显示该操作是对销售数量列的所有值组成的列表求和，使用的 M 函数是 List.Sum()，如图 4-70 所示。

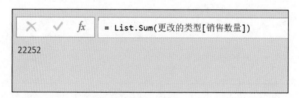

图 4-70　对列求和

选中一列时，"统计信息"按钮的功能是使用相应的 List 类函数将该列的所有值组成列表进行聚合，其下拉列表中的选项及其用途、对应的 M 函数如表 4-1 所示。当选中的列包含文本时，只有最后两个选项可用。而"标准"按钮的功能则是在所选列原有数字的基础上加、减、乘一个指定的数字，该功能类似于 Excel 中的选择性粘贴功能。

表 4-1　"统计信息"下拉列表中的选项及其用途、对应的 M 函数

选项	用途	对应的 M 函数
求和	计算一列中所有值之和	List.Sum()
最小值	计算一列中所有值的最小值	List.Min()
最大值	计算一列中所有值的最大值	List.Max()
中值	计算一列中所有值的中位数	List.Median()
平均值	计算一列中所有值的平均值	List.Average()
标准偏差	计算一列中所有值的标准偏差	List.StandardDeviation()
值计数	计算一列中所有值的计数	List.NonNullCount()
对非重复值进行计数	计算一列中不重复项目的计数	List.Distinct()

选中两列时，"统计信息"按钮也会使用 List 类函数进行聚合，但是聚合的对象不是某列的所有值组成的列表，而是不同列的值组成的列表。我们可以对比一下"标准"下拉列表中的"添加"选项和"统计信息"下拉列表中的"求和"选项。选中两列时，它们的功能相同，都用于将两列相加，如图 4-71 所示。

	ᴬᴮ꜀ 产品名称	1²₃ 统计信息-加法	1²₃ 标准-添加	1²₃ 1月	1²₃ 2月
1	产品 A	22000	22000	10000	12000
2	产品 B	9000	null	null	9000
3	产品 C	22000	22000	12000	10000
4	产品 D	18000	18000	9500	8500
5	产品 E	22500	22500	11000	11500
6	产品 F	13000	13000	7000	6000
7	产品 G	11500	11500	5000	6500
8	产品 H	17000	17000	9000	8000
9	产品 I	8500	null	8500	null
10	产品 J	25000	25000	12000	13000

图 4-71　两种求和方式的结果对比

仔细观察图 4-71 中的第 2 行，可以看到用"标准"下拉列表中的"添加"选项求的和是"null"，而用"统计信息"下拉列表中的"求和"选项求的和是 9000。同样的问题也出现在第 9 行，这是因为 2 月数据的缺失。查看两种方式在公式栏生成的 M 公式，如图 4-72 所示。

```
= Table.AddColumn(替换的值1, "加法", each List.Sum({[1月], [2月]}), Int64.Type)
```

1²₃ 1月	1²₃ 2月	1²₃ 3月	1²₃ 加法
10000	12000	8000	22000
null	9000	11000	9000
12000	10000	9000	22000
9500	8500	10500	18000
11000	11500	10000	22500
7000	6000	7500	13000
5000	6500	6000	11500

```
= Table.AddColumn(替换的值1, "加法.1", each [1月] + [2月], Int64.Type)
```

1²₃ 1月	1²₃ 2月	1²₃ 3月	1²₃ 加法.1
10000	12000	8000	22000
null	9000	11000	null
12000	10000	9000	22000
9500	8500	10500	18000
11000	11500	10000	22500
7000	6000	7500	13000
5000	6500	6000	11500
9000	8000	7500	17000
8500	null	9000	null
12000	13000	11000	25000

图 4-72　两种求和方式的 M 公式对比

在 Power Query 中进行四则运算时，如果其中的一个值为 null，结果将会是 null。而 List 类函数在处理 null 时，通常会将其视为列表中的一个有效值，并使其参与计算。这种特性通常更符合计算需求。当 2 月数据缺失时，计算两个月的数据和，返回 1 月的数据，比返回 null 更合理。因此使用"统计信息"下拉列表中的"求和"选项更好。

4.4.4 能 Excel 所不能

通过前面的学习，我们体会到了 Power Query 在处理数据时"化繁为简"的能力。而且 Power Query 能够更轻松地处理大量数据，并将数据清洗和转换自动化，这些操作在 Excel 中都不是那么容易实现的。本节分享几个使用 Power Query 可以轻松解决，但是在 Excel 中需要通过函数嵌套、VBA 或者手动整理才能解决的数据处理难题。

1. 拆分成多行

拆分列一般是按指定的一个或者多个分隔符拆分列。拆分依据除了逗号、斜线等符号外，还可以是中文词语、英文单词、数字等，只要能有规律地将字符串隔开，就能作为分隔符。Excel 的拆分列功能只能将单列拆分成多列。在 Power Query 中，拆分列功能可以将单列拆分成多行，如图 4-73 所示。

邮箱地址	邮箱地址
email1@example.com/email2@example.com/email3@example.com	email1@example.com
email4@example.com/email5@example.com/email6@example.com	email2@example.com
email7@example.com/email8@example.com/email9@example.com	email3@example.com
email10@example.com/email11@example.com/email12@example.com	email4@example.com
email13@example.com/email14@example.com/email15@example.com	email5@example.com
	email6@example.com
	email7@example.com
	email8@example.com
	email9@example.com
	email10@example.com
	email11@example.com
	email12@example.com
	email13@example.com
	email14@example.com
	email15@example.com

图 4-73 拆分成多行

将邮箱地址加载到 Power Query 编辑器，选择邮箱地址列，找到按分隔符拆分列功能。在"按分隔符拆分列"对话框中，输入自定义分隔符"/"，然后展开"高级选项"，选择"行"，其他选项保持默认设置，单击"确定"即可，如图 4-74 所示。

2. 示例中的列

示例中的列是 Power Query 中一个非常强大的功能，它能够根据用户提供的样本数据自动判断数据生成的方法，然后生成新列。样本数据可以自行输入，也可以从 Power Query 提供的列表中选择。我们可以利用"示例中的列"下拉列表中的选项从包含多种格式的日期的列中，提取出规范的日期，示例数据如表 4-2 所示。将表中全部日期数据转换成"2023/3/15"格式。

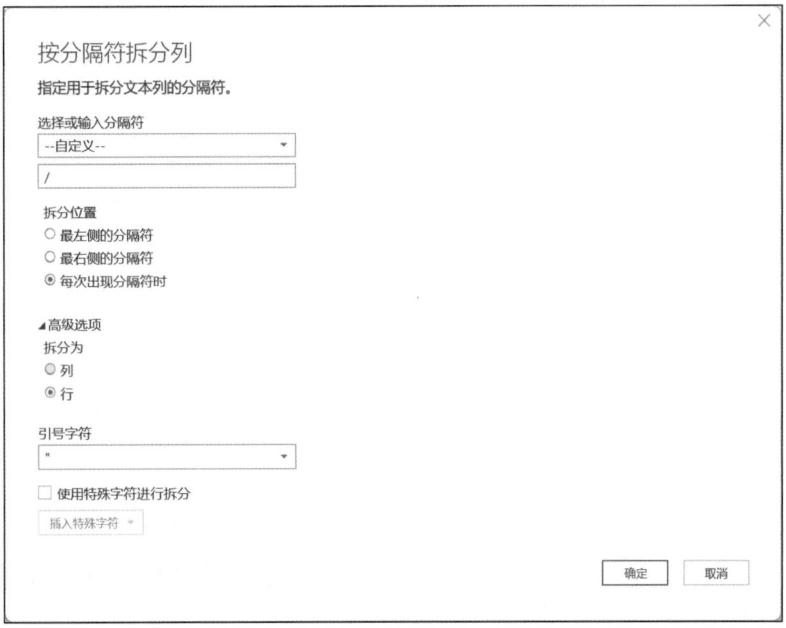

图 4-74　按分隔符拆分列

表 4-2　日期格式混乱的数据

序号	名字	日期
1	张三	03/15/2023
2	Tom	2022/2/28 12:00 AM
3	王五	2023/4/1
4	Kate	1-Mar-22
5	Peter	4/2/2023
6	Samantha	二〇二二年四月十五日
7	David	2-Mar-22
8	Alex	04/30/2023
9	Emily	2022/3/1
10	Tom	2022/1/15 8:00
11	Peter	21-Mar-22
12	David	2022/5/31
13	小明	2022年7月1日 星期五
14	Samantha	2022年8月15日
15	David	2022.6.1

续表

序号	名字	日期
16	Emily	2022年10月31日
17	Tom	2022.4.1
18	Kate	2022.5.1
19	李四	2022-02-28

将表 4-2 中的数据加载到 Power Query 编辑器，双击该查询，重命名查询为"日期列整理"。选择日期列以后，单击"添加列"→"示例中的列"→"所选列"，弹出"从示例中添加列"的提示信息，同时数据表右边出现列 1，如图 4-75 所示。

图 4-75　从示例中添加列

双击列 1 的第一个单元格，可以看到 Power Query 自动识别的可选项，从可选项中找到需要的日期格式，双击将其填充到单元格，其他单元格也会按照同样的规则填充日期，如图 4-76 所示。

图 4-76　填充效果

3. 合并查询：一对多

一对多是指在一个表中的一行记录对应另一个表中的多行记录，如图 4-77 所示。产品 A 对应 3 个生产批次，这种关系在生产经营中非常常见。从生产记录表中找到产品 A 的生产批次和生产日期，就需要用到一对多查询。在 Excel 中，VLOOKUP() 函数默认只返回第一个匹配到的数据，无法实现一对多查询。Power Query 的合并查询功能支持一对多查询。

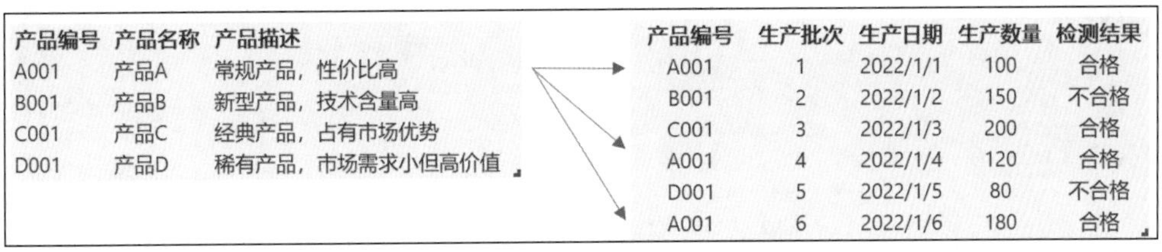

图 4-77 一对多

将图 4-77 所示的两个数据表添加到 Power Query 编辑器，选中产品描述查询，单击"主页"→"合并查询"→"将查询合并为新查询"，在弹出的对话框中，在第一个下拉列表中选择"产品描述"，在第二个下拉列表中选择"生产记录"，然后单击两表的产品编号列。其他选项保持默认设置，单击"确定"即可，如图 4-78 所示。

图 4-78 一对多合并查询

一对多合并查询的具体步骤和普通合并查询的一样，只是在两个表之间做了一次左外部联接。单击产品 A 对应的生产记录列的"Table"字样，可以看到，绿色"Table"字样里面包含 3 行与产品 A 相匹配的数据，如图 4-79 所示。单击生成记录列右上方的 ⇥，可实现一对多查询。

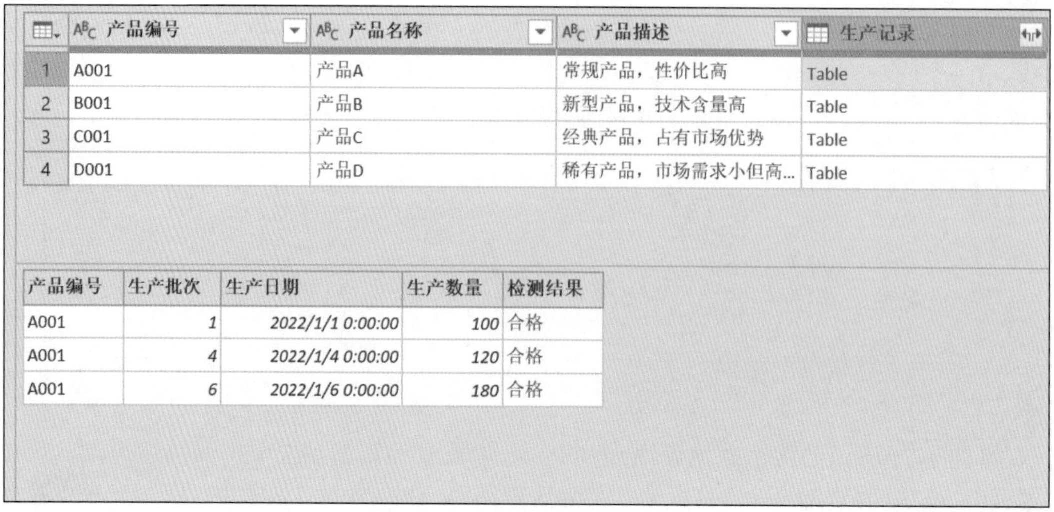

	ABC 产品编号	ABC 产品名称	ABC 产品描述	生产记录
1	A001	产品A	常规产品，性价比高	Table
2	B001	产品B	新型产品，技术含量高	Table
3	C001	产品C	经典产品，占有市场优势	Table
4	D001	产品D	稀有产品，市场需求小但高...	Table

产品编号	生产批次	生产日期	生产数量	检测结果
A001	1	2022/1/1 0:00:00	100	合格
A001	4	2022/1/4 0:00:00	120	合格
A001	6	2022/1/6 0:00:00	180	合格

图 4-79　预览数据

4. 分组依据

在 Power Query 中能提供数值计算功能的除了之前介绍过的"统计信息"和"标准"按钮外，还有"转换"→"分组依据"按钮。"分组依据"按钮主要的功能是对数据进行分类汇总，其原理与 Excel 中的数据透视表其实是相似的。在 Power Query 中，打开示例文件"4.4 数据清洗实战\4.4.4 能 Excel 所不能.xlsx"，设置按"区域"及"产品"分组对销售数量进行求和、求平均值，如图 4-80 所示。

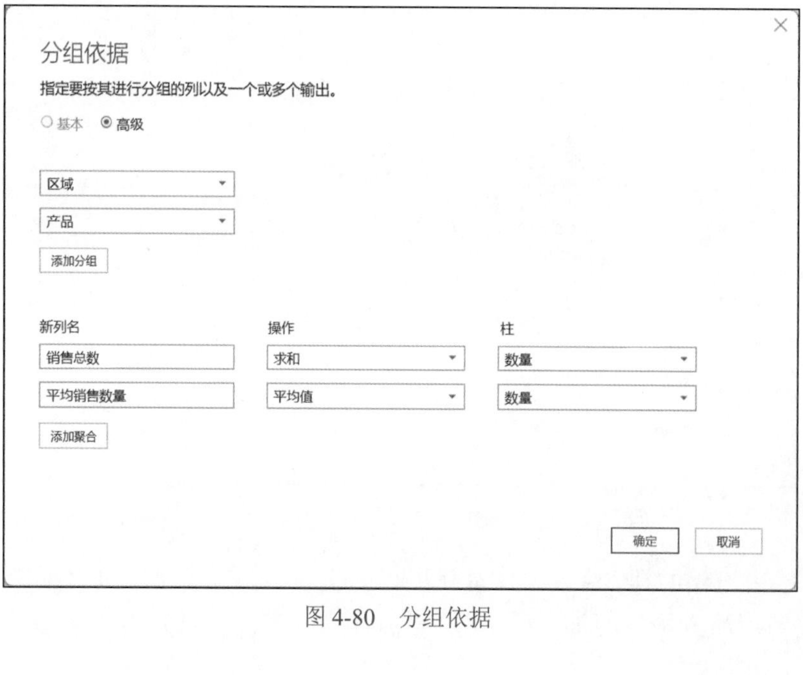

图 4-80　分组依据

在数据透视表中，将区域列及产品列拖动到行区域，将销售数量列拖动到值区域两次，然后修改值汇总方式为求和与求平均值，计算的结果与使用前文设置的分组依据的结果是一样的，如图 4-81 所示。

	区域	产品	销售数量求和	销售数量求平均
1	华北	便携式充电宝	165	55
2	华北	USB集线器	240	80
3	华北	蓝牙音箱	170	57
4	华北	笔记本电脑支架	170	57
5	华北	蓝牙耳机	10	10
6	华北	无线充电器	350	88
7	华南	USB集线器	330	110
8	华南	无线充电器	340	85
9	华南	蓝牙耳机	275	92
10	华南	蓝牙音箱	275	92
11	华南	便携式充电宝	110	110
12	华南	笔记本电脑支架	515	103

I	J	K
行标签	销售数量求和	销售数量求平均
⊟华北		
USB集线器	240	80
笔记本电脑支架	170	57
便携式充电宝	165	55
蓝牙耳机	10	10
蓝牙音箱	170	57
无线充电器	350	88
⊟华南		
USB集线器	330	110
笔记本电脑支架	515	103
便携式充电宝	110	110
蓝牙耳机	275	92
蓝牙音箱	275	92
无线充电器	340	85
总计	2950	82

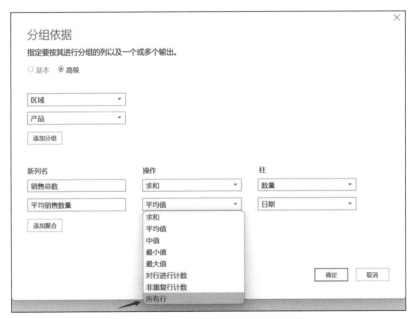

图 4-81 分组依据与数据透视表计算结果

那么分组依据功能有什么不一样呢？它能做到哪些 Excel 的数据透视表做不到的事呢？仔细观察“分组依据”对话框可发现，“操作”下拉列表中有一个叫“所有行”的选项，这里就隐藏着分组依据的强大功能，如图 4-82 所示。

图 4-82 分组依据的“所有行”选项

假设我们要在原来的分类汇总的基础上，求产品销量最大日期。这时需要先找出销量最大的记录，然后返回对应的日期，这使用 Excel 的数据透视表很难实现。在图 4-82 所示的“分组依据”对话框中增加一个新的聚合，在“新列名”文本框中输入“销量最大日期”，在“操作”下拉列表中选择“所有行”，不对表中任何一列进行聚合，如图 4-83 所示。

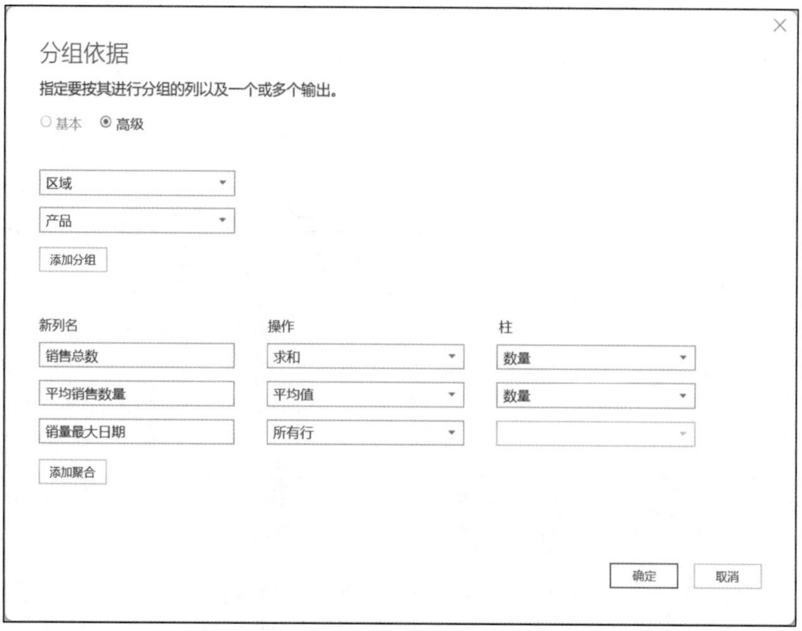

图 4-83 求销量最大日期的分组依据

单击"确定"以后,Power Query 返回的销量最大日期列是包含绿色字体的"Table"的新列,单击"Table"旁边的空白处,在下方可预览对应表中的具体内容,如图 4-84 所示。比如第一个单元格对应的表中包含区域为华南,产品为笔记本电脑支架的所有销售记录。

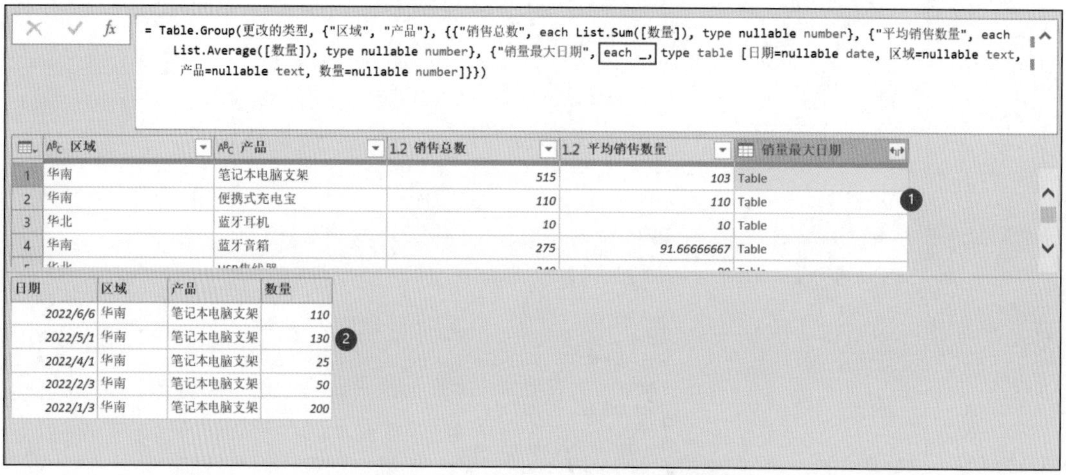

图 4-84 使用分组依据返回的结构化数据

接下来找出销售总数列中最大的值,然后返回对应日期。只要将图 4-84 中公式栏中的蓝色方框中的"each _"修改为"each Table.Max(_," 数量 ")[日期]"即可,如图 4-85 所示。

分组依据功能的强大之处在于它与 M 函数自由组合可以实现任意自定义的聚合,其返回结果并不局限于数值,也可以是文本。关于 M 函数及数据结构的知识将在后面进行详细介绍。这里只要学会操作即可，在深入学习 M 函数的嵌套使用及结构化数据的深化以后，图 4-84 和图 4-85 所示的公式就很好理解了。

```
= Table.Group(更改的类型, {"区域", "产品"}, { {"销售总数", each List.Sum([数量]), type nullable number},{"平均销售数量",
    each List.Average([数量]), type nullable number},{"销量最大日期", each Table.Max(_,"数量")[日期], type table [日期
    =nullable date, 区域=nullable text, 产品=nullable text, 数量=nullable number]}})
```

	ᴬᴮᶜ 区域	ᴬᴮᶜ 产品	1.2 销售总数	1.2 平均销售数量	销量最大日期
1	华南	笔记本电脑支架	515	103	2022/1/3
2	华南	便携式充电宝	110	110	2022/6/5
3	华北	蓝牙耳机	10	10	2022/6/4
4	华南	蓝牙音箱	275	91.66666667	2022/3/1
5	华北	USB集线器	240	80	2022/5/4
6	华南	无线充电器	340	85	2022/3/3
7	华北	笔记本电脑支架	170	56.66666667	2022/5/6
8	华北	无线充电器	350	87.5	2022/2/4
9	华北	便携式充电宝	165	55	2022/2/2
10	华南	蓝牙耳机	275	91.66666667	2022/1/6
11	华北	蓝牙音箱	170	56.66666667	2022/1/1
12	华南	USB集线器	330	110	2022/1/5

图 4-85　修改 M 函数

5. 透视与逆透视

从 Power Query 提供的文字说明来看，"透视列"按钮使用当前选中列中的名称创建新列。该按钮仅能基于单列进行透视。在仅有两个维度字段的表中使用时，它用于实现分类汇总，与 Excel 的数据透视表的作用相同。选中区域列，单击"转换"→"透视列"，在弹出的"透视列"对话框中，设置"值列"为"销量"，展开"高级选项"，确保"聚合值函数"为"求和"，单击"确定"即可，如图 4-86 所示。

图 4-86　"透视列"对话框设置（1）

在 Excel 中，将产品列拖动到行区域，将区域列拖动到列区域，将销量列拖动到值区域，值汇总方式选择求和，这样实现的效果和使用"透视列"按钮实现的效果是一致的，如图 4-87 所示。

在进行分类汇总时，"透视列"按钮的灵活性并没有数据透视表的灵活性好，也没有同样可以实现分类汇总的"分组依据"按钮的灵活性好，所以"透视列"按钮一般不用于分类汇总。它的特别之处在于能实现对文本的透视。

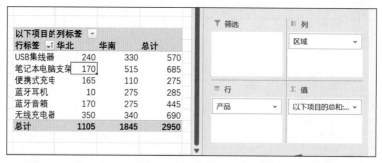

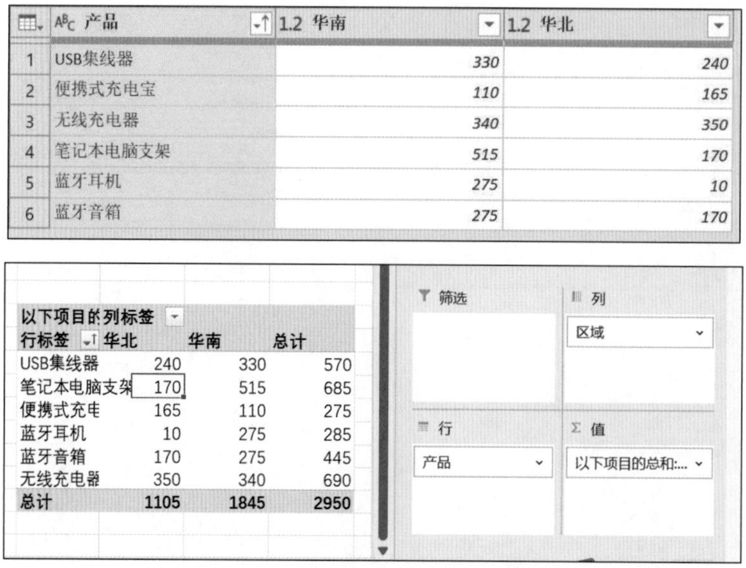

图 4-87 使用"透视列"按钮与数据透视表实现分类汇总的效果

为了方便阅读，我们可以将图 4-88 左侧的值班表按照日期横向排列，并将值班人员填写在值班地点列与值班日期列的交叉处。

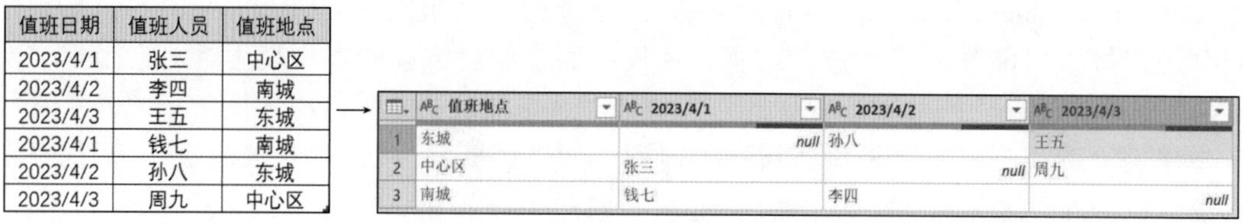

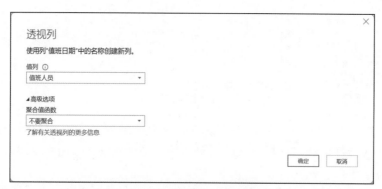

图 4-88 值班表按日期横向排列

在 Power Query 中，选中值班日期列，单击"转换"→"透视列"，在弹出的"透视列"对话框中，设置"值列"为"值班人员"，展开"高级选项"，将"聚合值函数"改为"不要聚合"，单击"确定"即可，如图 4-89 所示。

图 4-89 "透视列"对话框设置（2）

为了方便统计，我们需要将透视以后的值班表恢复为原来的格式，也就是将二维表转换成一维表。二维表一般出现在数据透视表中，行和列交叉的位置用于确定指定维度下的值。二维表更符合人们的阅读习惯，但是不便于统计分析。

在 Power Query 中，有一个透视列的反向功能——逆透视列，利用它可以将二维表转换成一维表。例如，将所有的值班日期列选中（按住"Shift"键可以选择连续的多列），单击鼠标右键，在弹出的菜单中选择"逆透视列"，如图 4-90 所示。也可以选中值班地点列，单击鼠标右键，在弹出的菜单中选择"逆透视其他列"。

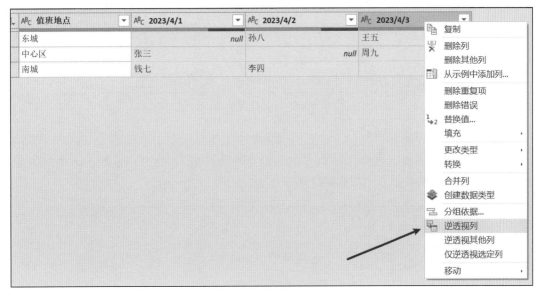

图 4-90 选择"逆透视列"

4.5 批量合并文件

多表合并是日常工作中经常遇到的操作。无论是收集信息时对分支公司填报的报表进行合并，还是将从系统中导出的不同日期的报表合并，都属于多表合并。这类操作其实不难完成，只要有足够的耐心不断地复制粘贴数据即可。但是在智能化 Excel 中，这种"体力活"可以变成"单击就能完成"的工作。

4.5.1 合并多个规范的数据表

数据表格式越规范，对于 Power Query 来说合并就越简单。规范的数据表具有相同的结构，它们的第一行为标题行，标题行下方的内容都是需要合并的数据，不存在空行、空列或者合并单元格、小计行及总计行等，如图 4-91 所示。

合并文件可以直接在当前工作簿中进行，也可以新建空白工作簿进行。单击功能区中的"数据"→"获取数据"→"来自文件"→"从 Excel 工作簿"，在"导入数据"对话框中找到示例文件所在的位置，然后单击"导入"。

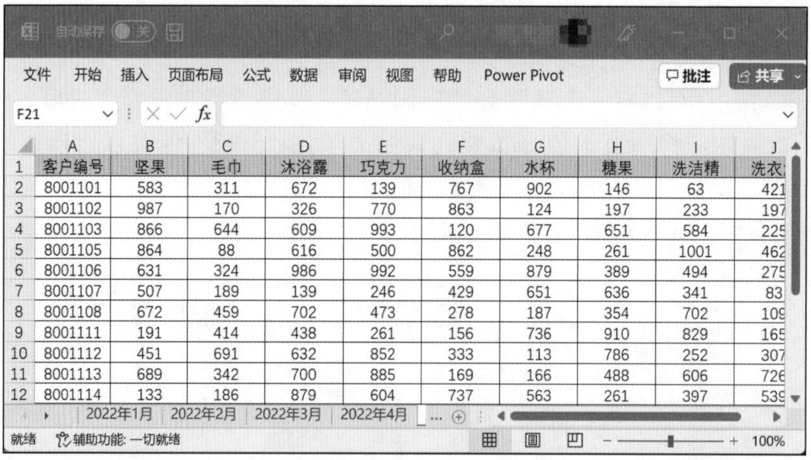

	A	B	C	D	E	F	G	H	I	J
1	客户编号	坚果	毛巾	沐浴露	巧克力	收纳盒	水杯	糖果	洗洁精	洗衣
2	8001101	583	311	672	139	767	902	146	63	421
3	8001102	987	170	326	770	863	124	197	233	197
4	8001103	866	644	609	993	120	677	651	584	225
5	8001105	864	88	616	500	862	248	261	1001	462
6	8001106	631	324	986	992	559	879	389	494	275
7	8001107	507	189	139	246	429	651	636	341	83
8	8001108	672	459	702	473	278	187	354	702	109
9	8001111	191	414	438	261	156	736	910	829	165
10	8001112	451	691	632	852	333	113	786	252	307
11	8001113	689	342	700	885	169	166	488	606	726
12	8001114	133	186	879	604	737	563	261	397	539

图 4-91 规范的数据表

此时会弹出“导航器”窗口。在其中选择整个工作簿（单击文件名）。选中工作簿以后，可以单击鼠标右键，在弹出的菜单中选择“转换数据”，也可以直接单击“导航器”窗口右下方的“转换数据”，如图 4-92 所示。

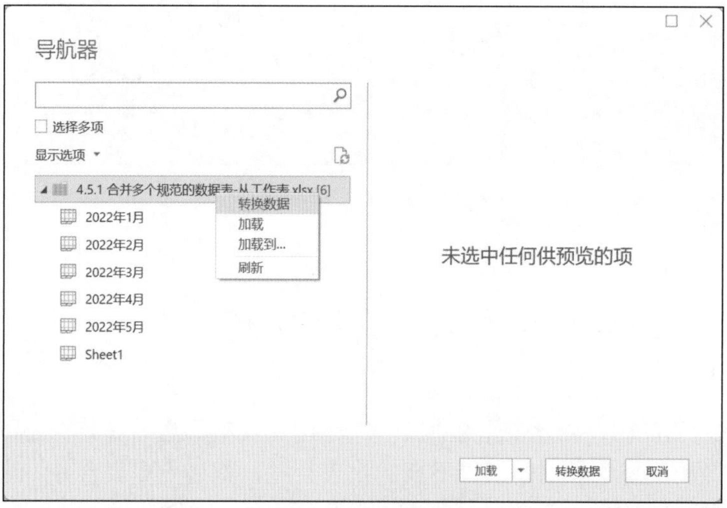

图 4-92 “导航器”窗口

打开 Power Query 编辑器以后，数据区域会展示工作簿中的所有工作表的信息。这些信息包括工作表名称（Name）、数据（Data）、项目（Item）、文件类型（Kind）、是否隐藏（Hidden），我们需要的数据在 Data 列中，而其他的列能帮助我们过滤干扰数据，避免出现重复合并或者合并出错等问题，如图 4-93 所示。比如，根据 Name 列可以获取时间信息，对 Kind 列进行筛选可以剔除干扰数据。

规范数据合并的关键一步就是展开数据列，在展开数据列之前我们需要通过工作表信息列表剔除可能的干扰数据。最后一个工作表 Sheet1 是空表，需要利用 Name 列的筛选器将其剔除。假设每月的数据表都是按照“2022 年 1 月”这种格式命名的，那么将 Name 列中结尾为“月”的数据筛选出来即可，如图 4-94 所示。

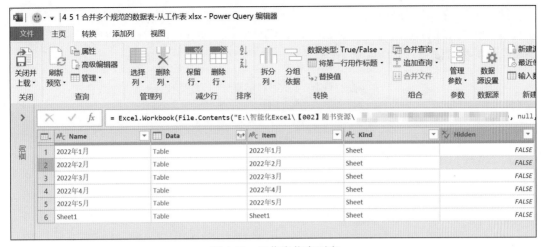

图 4-93 工作表信息列表

图 4-94 筛选工作表名称结尾为"月"的数据

需要注意的是，Excel 中的自定义名称、智能表、筛选区域等都会被 Power Query 单独地识别成数据源加载到列表中，比如在对 2022 年 5 月的数据进行筛选，并将其设置成智能表以后，加载到 Power Query 的工作表的信息中会增加很多干扰数据，如图 4-95 所示。

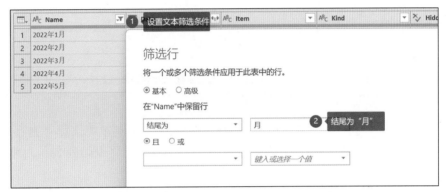

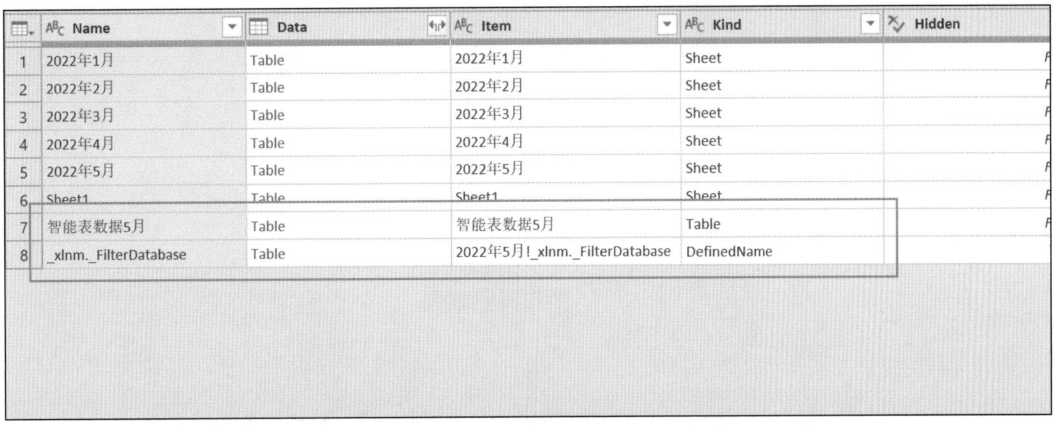

图 4-95 筛选及智能表产生的干扰数据

如果单击数据列的展开按钮将图 4-95 所示 Data 列中所有 Table 所代表的数据合并，那么 2022 年 5 月的数据将会重复加载 3 次。因此需要对 Kind 列进行筛选①，将非"Sheet"类型②的数据过滤掉，如图 4-96 所示。

图 4-96 仅保留"Sheet"类型的数据

然后选中 Name 列和 Data 列，单击鼠标右键，从弹出的菜单中选择"删除其他列"。接下来单击 Data 列右上方的 展开数据，同时取消勾选"使用原始列名作为前缀"，如图 4-97 所示。

图 4-97 展开数据

观察窗口中的数据可以发现，数据表的标题是系统自动生成的"Column1"到"Column10"，而真正的标题在数据表的第一行，因此需要单击"主页"→"将第一行作为标题"，提升标题。

因为每个表格都有标题，因此需要通过筛选删除多余的标题（筛选客户编号列，取消勾选"客户编号"）。双击列名，将第一列的名称改为"日期"。选中所有列，单击"转换"→"检测数据类型"，Power Query 自动识别每一列的数据类型。完成以上步骤，单击"主页"→"关闭并上载"即可将合并的数据加载到 Excel 中，如图 4-98 所示，1 月至5 月的数据完成合并。

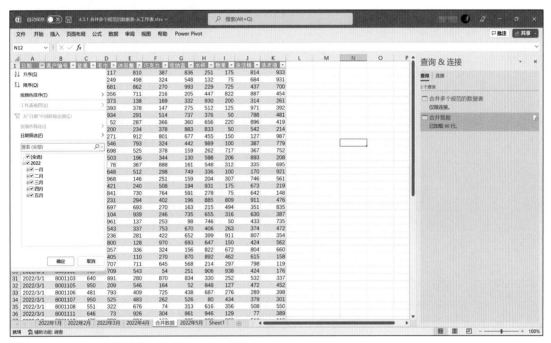

图 4-98　完成合并的数据

4.5.2　合并多个规范的工作簿

如果每个月的数据分别存储在一个 Excel 工作簿中，然后集中放在同一个文件夹中，如何将它们合并呢？这个问题可使用从文件夹功能来解决。从文件夹功能能读取同一个文件夹中所有 Power Query 支持导入的数据文件，然后进行合并。

打开"4.5.2 合并多个规范的数据簿 - 从文件夹 .xlsx"示例文件。选择"数据"→"获取数据"→"来自文件"→"从文件夹"，在"浏览"对话框中定位到合并数据所在的文件夹。单击"打开"，文件夹中的数据文件将以列表的形式出现在对话框中，如图 4-99所示。

此时直接单击窗口右下角的"转换数据"，就会打开 Power Query 编辑器（也可以在"组合"中找到合并文件的选项）。在 Power Query 编辑器的数据区域中会出现文件信息列表，这些信息包括内容（Content）、文件名称（Name）、文件扩展名（Extension）等。它们能帮助我们过滤干扰数据，确保合并数据的准确性。这里选择前两列，然后单击鼠标右键，在弹出的菜单中选择“删除其他列”，如图 4-100 所示。

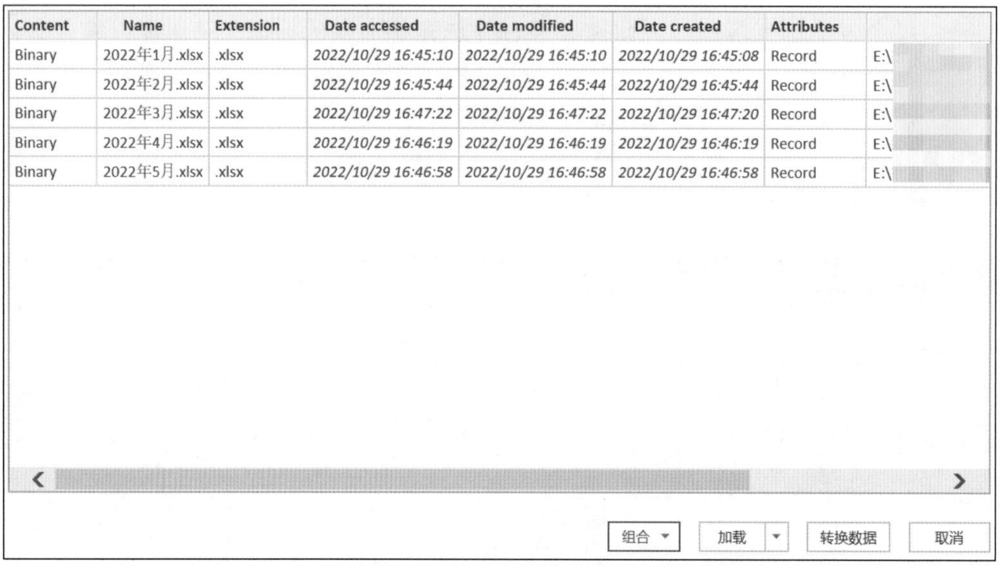

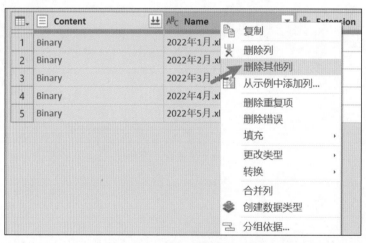

Content
Name
Extension
Date accessed
Date modified
Date created
Attributes
Binary
2022年1月.xlsx
.xlsx
2022/10/29 16:45:10
2022/10/29 16:45:10
2022/10/29 16:45:08
Record
E:\
Binary
2022年2月.xlsx
.xlsx
2022/10/29 16:45:44
2022/10/29 16:45:44
2022/10/29 16:45:44
Record
E:\
Binary
2022年3月.xlsx
.xlsx
2022/10/29 16:47:22
2022/10/29 16:47:22
2022/10/29 16:47:20
Record
E:\
Binary
2022年4月.xlsx
.xlsx
2022/10/29 16:46:19
2022/10/29 16:46:19
2022/10/29 16:46:19
Record
E:\
Binary
2022年5月.xlsx
.xlsx
2022/10/29 16:46:58
2022/10/29 16:46:58
2022/10/29 16:46:58
Record
E:\
组合
加载
转换数据
取消

图 4-99　数据文件

Content
Name
Binary
复制
删除列
删除其他列
从示例中添加列...
删除重复项
删除错误
填充
更改类型
转换
合并列
创建数据类型
分组依据...

图 4-100　选择“删除其他列”

直接单击 Content 列标题右侧的，然后在弹出的“合并文件”窗口中指定示例文件，这里指定的示例文件是 Sheet1，单击“确定”，如图 4-101 所示。

稍等片刻，Power Query 就会将指定文件中的数据合并完毕，如图 4-102 所示。

这里需要提醒的是，Power Query 是根据我们选择的示例文件 Sheet1 建立数据处理流程的。如果要对其他工作簿中具有同样名称的文件进行批量处理，各工作簿中保存数据的工作表名称需要一致。我们在删除列时，虽然保留了包含日期的 Name 列，但是展开数据后它就消失了。因此使用这种方法无法获得数据日期。如果要保留日期，我们可以通过 M 函数实现。

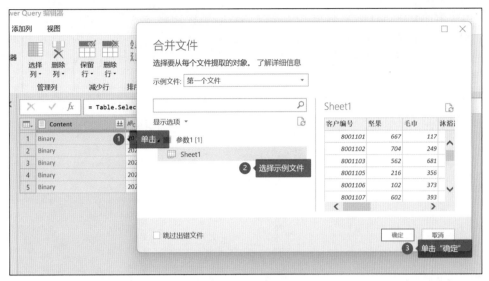

图 4-101　合并文件

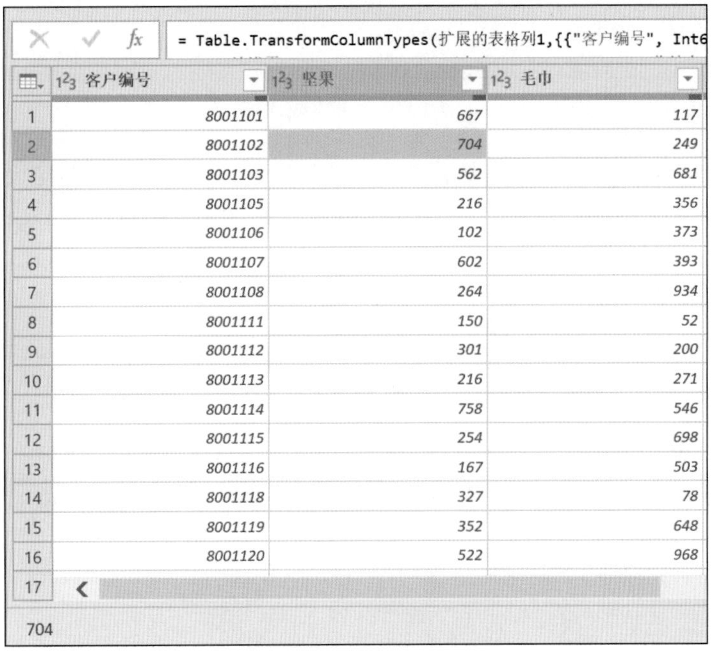

图 4-102　数据合并结果

4.5.3　Excel.Workbook() 函数

在 4.5.2 节中我们使用了合并文件功能，让 Power Query 按照默认的方式合并文件。这种功能虽然快捷，但是在查询列表中会生成很多无法删除的查询，并且在出现合并错误时很难找出原因。

Power Query 中有专门用于提取数据文件的函数，它们可以从不同格式的文件中提取数据。Excel.Workbook() 函数就是其中之一，它的主要功能是从 Excel 格式的文件中提取数据。利用 Excel.Workbook() 可让数据合并过程更加简洁，并且可以灵活地获取和保留文件信息。其他数据提取类函数还有从 CSV 文件中提取数据的 Csv.Document()、从网页文件中提取数据的 Web.Content() 等。

使用从文件夹功能获取文件信息，将文件信息列表导入 Power Query 编辑器中，如图 4-103 所示。

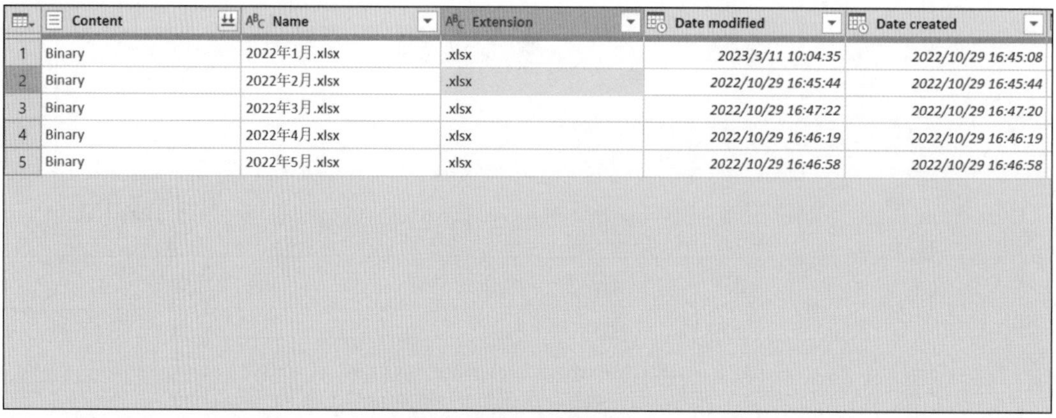

	Content	Name	Extension	Date modified	Date created
1	Binary	2022年1月.xlsx	.xlsx	2023/3/11 10:04:35	2022/10/29 16:45:08
2	Binary	2022年2月.xlsx	.xlsx	2022/10/29 16:45:44	2022/10/29 16:45:44
3	Binary	2022年3月.xlsx	.xlsx	2022/10/29 16:47:22	2022/10/29 16:47:20
4	Binary	2022年4月.xlsx	.xlsx	2022/10/29 16:46:19	2022/10/29 16:46:19
5	Binary	2022年5月.xlsx	.xlsx	2022/10/29 16:46:58	2022/10/29 16:46:58

图 4-103　文件信息列表

选中 Content 列和 Name 列，删除其他列，然后新建自定义列。在自定义列中使用 Excel.Workbook() 函数对 Content 列中的内容进行解析，如图 4-104 所示。Excel.Workbook() 的第二个参数为 true 时，Power Query 会将 Excel 文件中的第一行用作标题，如果省略该参数，则需要手动提升标题。

图 4-104　添加自定义列提取数据

展开自定义列，选择所有的列，取消勾选"使用原始列名作为前缀"，如图 4-105 所示。

Excel 文件中的数据此时都在展开的 Data 列里面，如图 4-106 所示。读者需要牢牢记住以上步骤。将文件信息以列表形式展示在 Power Query 中，是所有的文件合并问题得以解决的出发点，因为将每一个文件的表格放在 Power Query 的单元格中，我们就可以灵活地进行批量处理了。

单击 Data 列右上方的⇭就可以获得合并数据。单击⇭之前，可以先选择需要保留的列，比如保留 Name 列用于获取数据日期，如图 4-106 所示。

图 4-105　展开自定义列

	Content		Name ▼	Name.1	Data	It
1	Binary		2022年1月.xlsx	Sheet1	Table	Sheet
2	Binary		2022年2月.xlsx	Sheet1	Table	Sheet
3	Binary		2022年3月.xlsx	Sheet1	Table	Sheet
4	Binary		2022年4月.xlsx	Sheet1	Table	Sheet
5	Binary		2022年5月.xlsx	Sheet1	Table	Sheet

客户编号	坚果	毛巾	沐浴露	巧克力	收纳盒	水杯	糖果	洗洁精	洗衣液
8001101	176	707	711	645	568	214	297	798	119
8001102	707	709	543	54	251	906	938	424	176
8001103	640	891	280	870	834	330	252	532	337
8001105	950	209	546	164	52	848	127	472	452
8001106	481	793	409	725	438	687	276	289	398
8001107	950	525	483	262	526	80	434	379	301
8001108	551	322	676	74	313	616	356	508	550
8001111	646	73	926	304	861	946	129	77	389
8001112	475	393	824	163	235	298	263	512	116
8001113	58	160	879	291	593	725	583	205	580
8001114	241	354	422	990	336	868	211	627	300
8001115	465	401	783	646	780	118	545	933	534

图 4-106　预览 Data 列中的数据

利用 Power Query 的从文件夹功能可以快速合并在不同工作表或者工作簿中的数据。如果数据文件在文件夹的子文件夹中，也可以直接使用从文件夹功能将其合并。也就是说，Power Query 可以直接识别多层文件夹的数据文件。部分 Excel 用户是因为从文件夹功能对 Power Query 着迷的。这个功能也是智能化 Excel 跨文件处理数据功能的一次重要升级。

第 5 章 M 语言入门

在深入学习 M 语言之前，我们有必要对 M 语言中的数据结构进行学习，有必要了解 M 语言中的值和数据是如何呈现的。本章从 Power Query 的数据结构理论讲起，逐步过渡到实战应用。掌握 M 语言的数据结构和实战方法论，有助于更加充分地发挥 M 语言在数据清洗实战中的作用。

5.1 结构化数据

在 Power Query 中，数据可以分成原生（Primitive）数据与结构化（Structured）数据两大类。原生数据很容易理解，就是填写在 Excel 单元格中的数据。它们可以是文本、数值、时间、日期等。在 Power Query 的数据区域中，我们经常会见到绿色字体的数据，它们通常是列表、记录、表或二进制文件等，这些就是结构化数据，如图 5-1 所示。

结构化数据的概念与 Python 中的 DataFrame 的概念相似，在 Python 中 DataFrame 是二维数据结构，一般指包含行和列的二维表结构，行和列通过索引获取。在 Power Query 中引入结构化数据，突破了 Excel 单元格的限制，在单个单元格中可以存储一行或一列数据，也可以存储整个表，甚至整个数据文件。M 语言就是在结构化数据基础上衍生出来的一门数据处理编程语言。

如果我们将不同数据类型的数据都添加成查询，在查询列表中可以看到不同数据类型对应的图标各不相同，如图 5-2 所示。这也是微软系列软件的一大特色，通过图标将功能、选项可视化，给予用户更好的使用体验。

	ABC 123 数据类型	ABC 123 值
1	文本	我是文本
2	空值	null
3	逻辑值	TRUE
4	数值	3.1415926
5	日期	2022/12/31
6	时间	9:09:09
7	日期时间	2023/3/8 15:18:44
8	列表	List
9	记录	Record
10	表	Table
11	函数	Function
12	二进制文件	Binary
13	错误值	Error

图 5-1 Power Query 中的多种数据类型

图 5-2 不同数据类型对应的图标

M 语言中的结构化数据类型众多，其中列表、记录、表这三大数据容器较为常见，接下来将对这三大数据容器进行重点讲解。

5.1.1 列表

列表（List）的作用是简单地枚举一组对象，就好比我们日常生活中的购物清单。列表中的成员，可以是文本、数值、日期、时间、日期时间等原生数据，也可以是列表、记录、表、二进制文件等结构化数据。正是因为列表的灵活和强大，它经常出现在高级 M 函数的使用场景中。

列表可以理解为表的一列数据，不含标题。在 M 语言中列表使用花括号"{}"标识，列表成员以逗号","分隔。以下两句代码可生成同一个列表。".."的作用是：生成从前面的值开始到后面的值结束的一个连续递增序列。所以在 M 语言中可以使用".."来构造一个连续递增的列表，如数字序列、字母序列、中文序列等。

```
={1,2,3,4,5,6,7,8,9}
= {1..9}
```

列表成员不必是同一类型的数据，就像购物清单中可以有书本信息也可以有食品信息一样。列表中包含数字的同时也可以包含文本，文本需要用双引号标识。列表中还可以包含列表，列表中的列表用花括号标识。

在 Power Query 中新建空查询，然后在公式栏中输入以下代码，在数据区域中可以看到，生成的列表中包含 4 个数字、两个文本和两个列表，如图 5-3 所示。

```
= {1,2,3,4,"我是文本","我也是文本",{7,8},{ 9,0}}
```

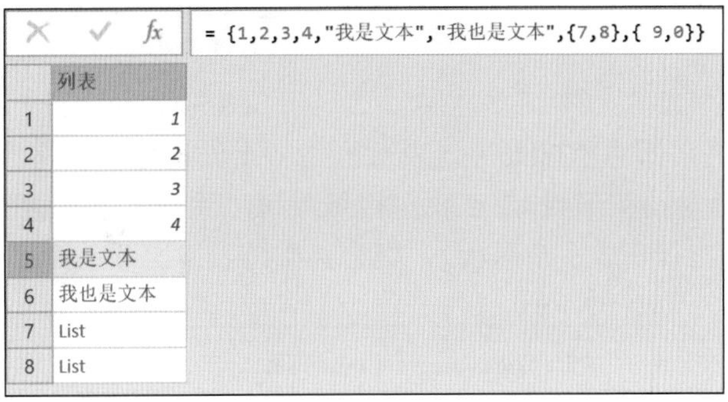

图 5-3　生成的列表

5.1.2 记录

记录（Record）的作用是记录一组值及其属性（标题），它比列表多了一个维度的信息。记录可以理解为表的一行数据，包含标题。在 Power Query 中，列表是一组垂直方向的数据，而记录是一组水平方向的数据。记录在 M 语言中用方括号"[]"标识，值与属性用"="连接。值如果是文本需要用双引号标识，属性一定是文本，但不需要用双引号标识。不同属性之间用逗号","分隔，如下所示。

```
= [工号=0001，  性别="男"，年龄=22]
```

如何同时生成多条记录？可使用列表，将不同的记录作为一个列表的不同成员，用逗号分隔。

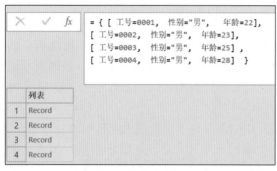

图 5-4　生成的多条记录

在 Power Query 中新建空查询，然后在公式栏中输入以下代码，在数据区域中可以看到生成的列表，该列表中包含 4 条记录，如图 5-4 所示。记录的使用场景较少，一般情况下我们需要将它转换成列表或者表以满足分析需求。

```
= { [ 工号=0001，  性别="男"，年龄=22]，
    [ 工号=0002，  性别="男"，年龄=23]，
    [ 工号=0003，  性别="男"，年龄=25]，
    [ 工号=0004，  性别="男"，年龄=28] }
```

5.1.3　表

表（Table）是由行和列组成的数据表。表是我们最常接触的一种结构化数据，也是最直观、最容易掌握的一种结构化数据。Power Query 中关于表的操作也很丰富。将表作为结构化数据加载到 Power Query 编辑器的单元格中，是批量操作和自动化处理的第一步。

在 Power Query 中，可以使用 M 函数 Excel.CurrentWorkbook() 返回当前工作簿包含的表、命名区域和动态数组等内容。打开示例文件，新建空查询，在公式栏中输入以下代码。

```
= Excel.CurrentWorkbook()
```

数据区域中绿色字体的"Table"代表数据是一个结构化的表格。单击"Table"旁边的空白处（鼠标指针是箭头形状），在预览区域就可以看到具体数据明细，如果直接单击"Table"字样（鼠标指针变成手指形状），则会直接将表格展开，如图 5-5 所示。

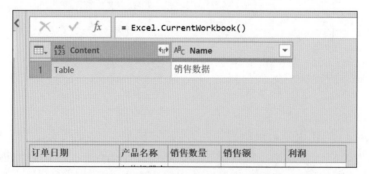

图 5-5　Power Query 中的结构化数据表

除了加载现有的表格以外，还可以使用 M 语言中的函数 #table() 创建表格。#table()

的参数有两个。第一个参数是列表，其成员是表标题，第二个参数是由列表组成的列表，里层列表的成员是行的内容。每一行内容由"{}"标识，以逗号分隔，这些由行组成的列表组合成外层的列表。

在 Power Query 中新建空查询，然后在公式栏中输入以下代码，在数据区域中能看到生成的数据表，如图 5-6 所示。

```
= #table( {"客户号","性别","年龄"},
    {{00001,"女",18},{00002,"男",23},{00003,"男",26} })
```

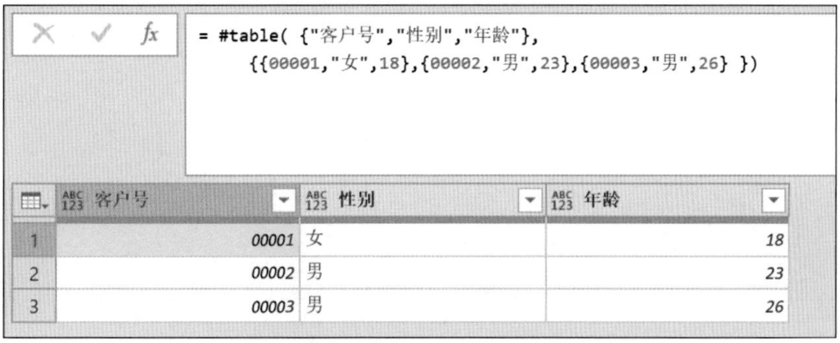

图 5-6　使用 #table() 生成的数据表

#table() 的第一个参数直接以列表的形式给出表标题，如 {" 客户号 "," 性别 "," 年龄 "}。确定表标题以后，逐行填充数据。每一行是一个列表，多个列表组合成表的内容，因此 #table() 的第二个参数是由列表组成的列表，如 {{00001," 女 ",18},{00002," 男 ",23},{00003," 男 ",26}}。

5.1.4　列表、记录与表的关系

列表可以理解为表的一列，不含标题，记录可以理解为表的一行，包含标题，表可以由列表组合而成，也可以由记录转换而成。由此可见，它们之间存在着非常明显的关联关系。三大数据容器不仅可以深化、扩展，还可以互相转换及组合。我们可以从它们的功能区、深化与扩展、结构转换这 3 个方面对比学习，进一步掌握在 M 语言中非常重要的三大数据容器。

1. 功能区

当我们在查询列表中选择的查询是记录或者列表时，Power Query 功能区中会显示相应的记录功能或者列表功能，同时 Power Query 编辑器原有的转换功能无法使用，如图 5-7 所示。功能区中新出现的功能用于对记录和列表两种数据容器进行操作。记录功能中只有一个"到表中"按钮，而列表功能则较为丰富，除了有"到表"按钮以外，还有"保留项""删除项""删除重复项"等按钮。

当选择的查询是表时，功能区中并不会出现新的功能，但是 Power Query 编辑器原有的转换功能全部都处于可用状态，如图 5-8 所示。由此可见，表对应的转换操作很丰富。

当我们将数据加载到 Power Query 的时候，处理对象通常都是表，因此表处理工具是最丰富的。记录及列表的更多操作需要通过 M 代码实现。

图 5-7　记录功能与列表功能

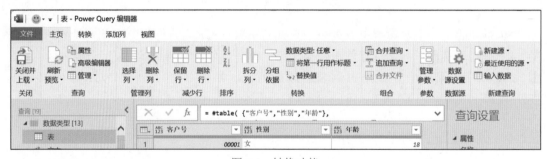

图 5-8　转换功能

2. 深化与扩展

深化可以理解为通过位置信息查找结构化数据中的值，这里的值可以是原生数据，也可以是结构化数据。在 M 语言中，用于深化数据的操作符是 "{}" 和 "[]"。"{}" 用于按位置返回值，位置索引从 0 开始。"[]" 用于按字段名（列名）返回值。

对列表的深化，一般通过位置实现；而对记录的深化则通过字段名实现。对于列表中的第一个和最后一个成员可以通过 List.First() 和 List.Last() 函数获取。示例如下。

```
= {1..10}{3}      // 深化列表中第 3 个成员，返回值为 4
= [工号=00002,  性别="男", 年龄=23][ 年龄]      // 深化记录中年龄字段，返回值为 23
= List.First({1..10})      // 深化列表中第 1 个成员，返回值为 1
```

对表的深化可以分成 3 种情况，深化表的某一列可以用列名和 "[]" 实现，深化表的某一行可以通过位置索引及 "{}" 实现，如果要深化到单元格中的具体数据，则需要结合以上两个方法实现。示例如下。

```
= 表{2}      // 深化表的第 3 行，返回值为记录
```

```
=表[年龄]              // 深化表的年龄列，返回值为列表
=表[年龄]{2}           // 深化表的年龄列的第3行的值，返回值为26
```

因为表的行索引都是从 0 开始的，所以深化表中第 n 行的表达式为：表 $\{n-1\}$。

选中单元格中的值，单击鼠标右键，弹出的菜单中的最后两个命令都用于进行深化操作，如图 5-9 所示。若选择"深化"，则在原查询中添加深化的步骤；若选择"作为新查询添加"，则会生成新的查询并保存深化的值。选中列，单击鼠标右键，弹出的菜单中也有以上两个深化操作的命令。

图 5-9　深化操作的命令

数据结构的展开在嵌套的文件中非常常见，比如 JSON 文件或者 XML 文件。列表、记录及表只有嵌套在表格中才能展开。嵌套在表格中的列表、记录及表，其列标题右边会出现展开按钮，如图 5-10 所示。列表展开时，数据向行方向展开，增加表的行数；记录展开时，数据向列方向展开，增加表的列数；表展开时，数据向行和列方向同时展开，如果表结构一致，表展开时则多表会追加在一起。

	ABC 123 工号	▼	ABC 123 展开列	⬌|▶
1	001		List	
2	002		List	

	ABC 123 工号	▼	ABC 123 展开列	⬌|▶
1	001		Record	
2	002		Record	

	ABC Name	▼	ABC 123 转换文件	⬌|▶
1	2022年1月.xlsx		Table	
2	2022年2月.xlsx		Table	

图 5-10　结构化数据的展开

3. 结构转换

列表、记录与表之间可以互相转换。记录功能与列表功能中都有转到表功能，我们在学习深化时介绍了从表转换到列表和记录的方法。三大数据容器之间的转换并不限于这些方法，它们之间的转换通过 M 函数实现将更加灵活。

将列表与记录转到表，一般都是为了方便排序、筛选等。比如我们使用关键字 #shared 可以列出 Power Query 中的 M 函数信息，它们是以记录的形式展示的，无法进行筛选，如图 5-11 所示。

单击"记录工具"→"转换"→"到表中"，将记录转换成表以后，可以通过筛选器定位 M 函数帮助信息，极大地方便我们使用函数，如图 5-12 所示。

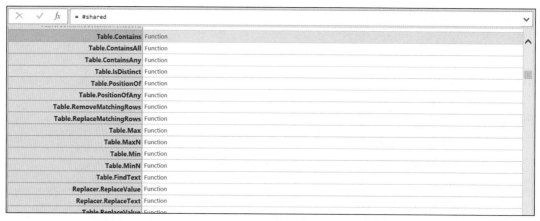

图 5-11 使用 #shared 关键字返回的 M 函数信息

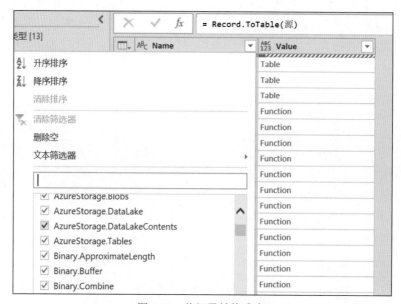

图 5-12 将记录转换成表

从公式栏中，我们可以看到前文步骤对应的 M 函数是 Record.ToTable()，结构转换函数还有很多，如表 5-1 所示。

表 5-1 结构转换函数及其用法解析

函数名称	用法解析
Record.ToTable	将记录转换成表
Record.ToList	将记录转换成列表，忽略标题
Record.FromTable	从由记录创建的表中返回记录
Record.FromList	将列表转换成记录，需要提供标题
Table.ToList	将表的列合并成列表，需指定分隔符
Table.ToRecords	将表的行转换成记录，记录构成列表

续表

函数名称	用法解析
Table.ToRows	将表的行转换成列表，列表构成列表
Table.ToColumns	将表的列转换成列表，列表构成列表
Table.FromList	从文本类型列表创建表，可拆开
Table.FromRecords	从记录创建表，记录字段需一致
Table.FromRows	从由行组成的列表创建表
Table.FromColumns	从由列组成的列表创建表

结构转换函数看起来很多，很难掌握，其实可借助它们的名字记忆它们的功能。而且部分函数的功能相反，比如 Table.ToRows() 函数和 Table.FromRows() 函数，掌握了其中一个函数就可以掌握另一个函数。配合 M 函数帮助信息，多加实战就能轻松掌握结构转换函数。

5.1.5 查询引用与深化实战案例

本节通过一个简单的数据匹配实战案例，帮助读者进一步理解查询引用和深化，并加深对查询及查询步骤的理解。通过查询的引用与深化，不借助 M 函数也能实现 VLOOKUP() 函数的匹配功能。如图 5-13 所示，我们从价格表中为产品表的每一个产品匹配价格。

产品	价格
沙茶酱	12
豆瓣酱	16
蒜酥	8
冬菜	11

产品
冬菜
沙茶酱
豆瓣酱
蒜酥
冬菜
豆瓣酱
蒜酥
豆瓣酱

图 5-13 为产品匹配价格

将价格表与产品表导入 Power Query 编辑器，选择产品表，然后添加自定义列，在“自定义列公式”文本框中输入公式“= 价格表 {[产品 =_[产品]]}[价格]”，如图 5-14 所示。

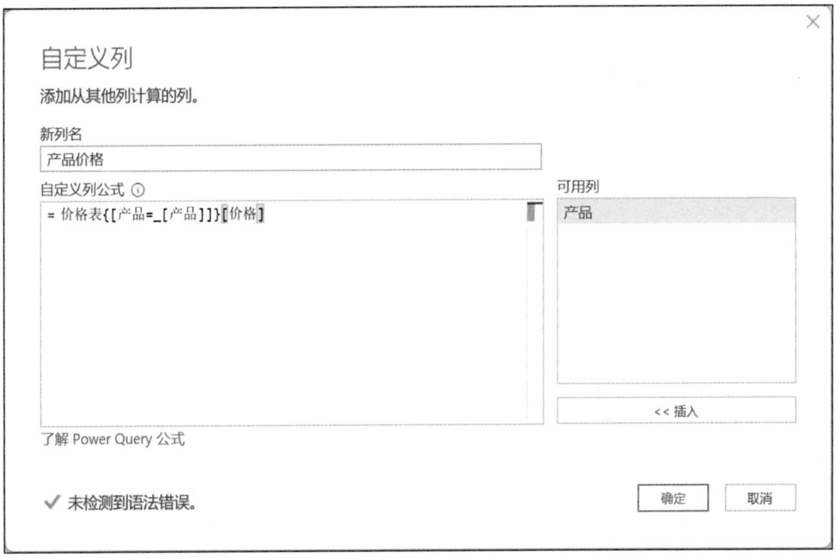

图 5-14 利用查询引用和深化进行匹配

前面的公式在产品表中引用了价格表的数据。花括号用来深化表的行，该行需要满足指定的条件。花括号中的"[产品 =_[产品]]"就是筛选条件，可以理解其作用为从价格表中筛选出与所在单元格的产品名称匹配的行（记录）。使用方括号定位价格列，然后返回相应产品的价格。

5.2   数据刷新的起点：查询

Power Query 的功能非常强大，它将 Excel 的数据转换功能进行了提升和加强，还具有 Access 的查询与建模功能。查询功能是与数据源保持连接的，数据源更新时只要刷新数据就可以导入增量数据。连接与查询的概念，通过 Power Query 引进 Excel 以后，数据刷新就成了 Excel 数据处理的标配功能。因此可以说 Power Query 的查询是数据刷新的起点。

5.2.1   查询基本操作

在 Power Query 编辑器中，每一个操作都会以 M 代码的形式记录下来。这和使用 Excel 的录制宏功能录制 VBA 代码类似，Power Query 编辑器录制的是 M 代码，并且每一个操作对应一个查询步骤，步骤名就是查询名称，操作会录制成对应的 M 函数。因此在我们刷新 Power Query 查询时，曾经执行的步骤才得以重复。

"查询设置"窗格可以通过单击"视图"→"查询设置"打开。查询的名称可以在"名称"文本框中输入。查询的步骤是有先后顺序的，它们之间具有承上启下的关联关系，如图 5-15 所示。每一步的操作都是基于上一步的结果进行的，也就是说删除前面的步骤会导致后面的步骤无法找到数据而出错。另外，删除 Power Query 的查询步骤以后不能撤销，删除时需要谨慎。

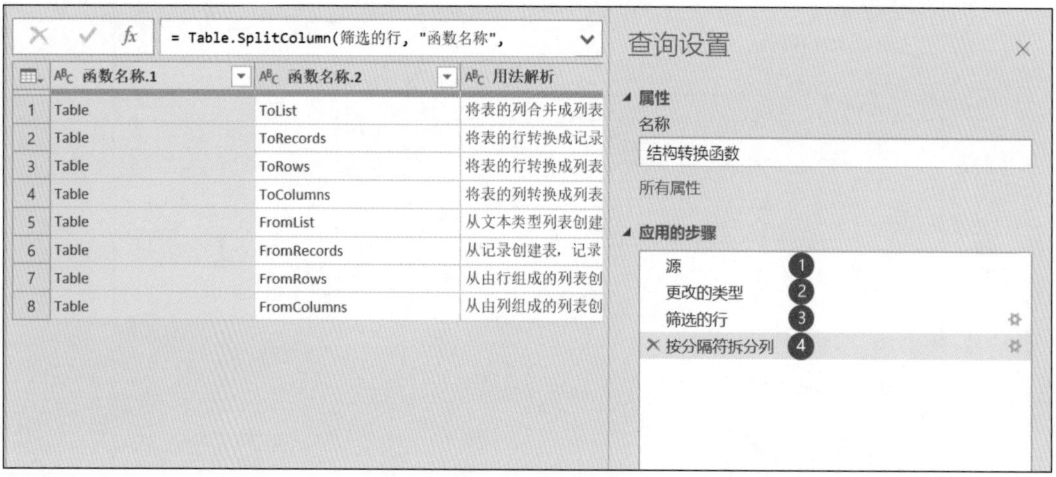

图 5-15   查询的步骤

查询的每一个步骤对应一个结果表，同时查询的每一个步骤都有由相应的 M 函数构成的代码。我们可以单击每一个步骤，然后观察公式栏中 M 函数的变化。查询的步骤可以互相引用，单击公式栏的 fx，然后输入"= 筛选的行"，可返回按分隔符拆分列之前的表，如图 5-16 所示。

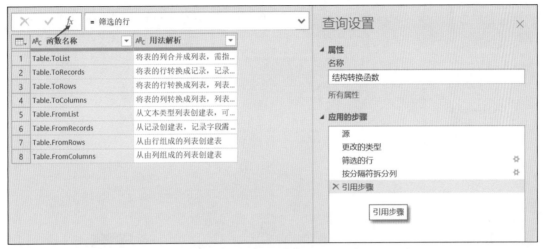

图 5-16　引用查询步骤对应的表

结合结构化数据的深化，我们还可以新增查询步骤，在公式栏中输入代码，直接引用前面步骤中生成的某行或者某列数据。比如，在公式栏中输入"= 筛选的行 [函数名称]"，则可返回函数名称列表；若输入"= 筛选的行 {0}"，则可返回表的第一行记录，如图 5-17 所示。

图 5-17　引用查询步骤并深化

5.2.2　查询与查询步骤

在 Power Query 中，查询列表也叫查询导航栏，在 Power Query 编辑器的左边；而查询步骤也叫应用的步骤，在 Power Query 编辑器的右边，如图 5-18 所示。它们都以列表的形式展示。查询代表着 Power Query 与数据是连接的，一个查询通常包含多个查询步骤。无论是查询还是查询步骤，我们都应该给它们起一个适当的名称，名称中应该包含数据或者操作的相关信息，方便后期管理和维护。

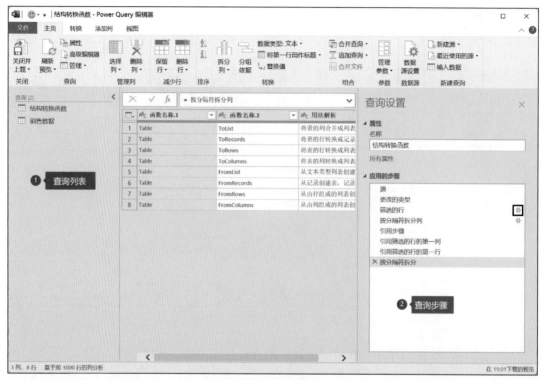

图 5-18　查询列表与查询步骤

　　双击查询就可以对查询进行重命名。选中查询，单击鼠标右键，利用弹出的菜单中的命令可以重命名查询、删除查询、复制查询等，如图 5-19 所示。其中较为常用的命令是"复制"与"引用"。选择"复制"可直接复制一个同样的查询，两个查询互相独立。选择"引用"相当于新建空查询并在公式栏中输入"= 查询名称"，这样虽然也可以复制查询，但两个查询互相关联，当原查询发生变化时，新查询跟着变化。

　　双击查询步骤可以对其进行重命名。单击查询步骤，Power Query 编辑器展示的是截至当前步骤的数据整理效果。单击鼠标右键，弹出一个菜单，如图 5-20 所示。通过该菜单的命令可以重命名步骤、删除步骤、提取之前的步骤等。选择"删除到末尾"，可从所选的步骤开始，将后续所有步骤删除，删除步骤一定要谨慎，因为删除操作无法撤销。选择"提取之前的步骤"，可将所选步骤之前的所有步骤提取出

图 5-19　查询相关命令

图 5-20　查询步骤相关命令

来，作为新的查询。新的查询与原查询保持引用关系。单击查询步骤右边的 ✿，可以修改步骤相对应的操作。

5.2.3　刷新查询

Power Query 连接的数据表并不是原始数据表本身，而是原始数据表的快照（Snapshot）。所以在原始数据表发生改变时，Power Query 中的数据不会自动跟着原始数据表变化，需要手动刷新。

如果 Power Query 转换后的数据以表格的形式加载到 Excel 工作表中，则该数据表是一个智能表。选中数据表中的任意单元格，然后单击鼠标右键，从弹出的菜单中选择"刷新"，可刷新查询，如图 5-21 所示。

如果数据是以"仅限连接"方式加载的，需要在 Power Query 编辑器中刷新。Power Query 编辑器的"主页"选项卡包含 3 个刷新选项，如图 5-22 所示。选择"刷新预览"仅刷新当前查询，选择"全部刷新"刷新所有查询。

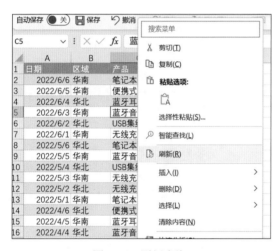

图 5-21　刷新查询

图 5-22　Power Query 编辑器中的刷新选项

如果数据已经加载到 Power Pivot 数据模型中，可以打开 Power Pivot 窗口，选中需要刷新的表，然后单击"主页"→"刷新"，其下拉列表中的刷新选项同样可以用来刷新当前表或者全部表，如图 5-23 所示。

图 5-23　Power Pivot 窗口的刷新选项

较简单的刷新全部连接与数据模型的方式是：单击"数据"→"全部刷新"，选择下拉列表中的刷新方式，如图 5-24 所示。

其中"连接属性"选项支持设置自动刷新。选择"连接属性"，弹出"查询属性"窗口，如图 5-25 所示。在其中可以设置刷新频率，使 Excel 按指定时间间隔自动刷新所选查询，也可以设置 Excel 在打开工作簿的同时自动刷新查询。选择"打开文件时刷新数据"可以保证打开工作簿时，工作表中的数据都是最新的。

图 5-24　Excel"数据"选项卡中的刷新选项

图 5-25　"查询属性"窗口

5.3　认识 M 函数

在 Power Query 中的每一步操作都会生成相应的 M 函数，从这个角度看似乎没必要学习 M 函数。事实上，M 函数是 Power Query 的精髓所在。M 函数可以让 Power Query 的数据处理更加灵活、高效、便捷，而且更具有稳健性及可移植性。

5.3.1　M 函数基本规范

M 函数是 Power Query 专有的数据处理分析函数。M 语言也是函数式语言，传递正确的参数对于函数式语言来说是很重要的。每一个 M 函数代表的都是一个数据处理流程，表示"如何做"，而不是"做什么"。Power Query 的 M 函数基本上是自成体系的，与 Excel 函数少有重复。M 函数基本规范包括以下几点。

（1）M 函数及其参数对大小写都非常敏感，书写它们时需要严格区分大小写。

（2）M 函数处理数据时对数据类型有严格要求。文本和数字不能直接相加，需要转换类型。

（3）M 函数中表格的行索引是从 0 开始的，获取表列用方括号 [] 实现，获取表行用花括号 {} 实现，获取单元格中的数据需要通过行、列位置实现。比如，获取第一列、第一行单元格中的数据的表达式为：= 表 {0}[列 1]。

（4）M 函数一般由两部分组成，第一部分一般是操作对象，第二部分是具体操作，两部分之间用逗号分隔。比如，Table.AddColumn() 函数，第一部分说明该函数的操作对象是表，第二部分是具体的操作，用很直白的英文表达表示添加列，该函数的作用是向表中添加自定义列。

在前面我们已经在实战案例中接触过 M 函数。当我们在"自定义列公式"文本框中输入公式或在公式栏中修改 M 代码时，都是在使用 M 函数相关知识解决问题。另外，Power Query 中还有一个专门用来编写 M 函数的地方："高级编辑器"窗口。

单击"主页"→"高级编辑器"，可以看到"高级编辑器"窗口中的 M 函数更详细、完整，如图 5-26 所示。"高级编辑器"窗口通过"视图"选项卡也能打开。

图 5-26　"高级编辑器"窗口

观察"高级编辑器"窗口中的 M 代码可以发现以下 3 个 M 函数。

（1）用于连接到产品表数据源的 Excel.CurrentWorkbook() 函数。

（2）用于更改源表中的产品列数据类型的 Table.TransformColumnTypes() 函数。

（3）用于添加自定义列并匹配价格表中的价格的 Table.AddColumn() 函数。

每个 M 函数对应一个步骤，步骤名与 M 函数以等号连接。每一行的步骤名是下一个步骤中 M 函数的第一个参数，一般是操作对象。也就是说步骤之间是环环相扣的，后面的步骤以前面的步骤为基础。同时，"高级编辑器"窗口中每个等号左边的文字与"查询设置"

窗格中应用的步骤的名称是一致的，如图 5-27 所示。

5.3.2 M 函数参数分解

在 Power Query 中，M 函数有 830 多个，按官网的分类规则可以分成 24 类。如此庞大的函数体系，很难完全掌握。为了辅助我们使用 M 函数，Power Query 提供了录制功能将操作直接转换成 M 函数。此外，大量的 M 函数中常用的只有 100 多个。把常用的 M 函数学会了，就能通过 M 函数帮助信息或者互联网资源快速掌握新的函数。

学习 M 函数一定要学会对 M 函数的参数进行分解，获取有助于理解函数功能和用法的信息。下面以 Table.TransformColumnTypes() 函数为例来介绍 M 函数的语法。

图 5-27 "查询设置"窗格中
的应用的步骤

```
Table.TransformColumnTypes(table as table, typeTransformations as list, optional
culture as nullable text) as table
```

从函数的第一部分，我们能知道它是一个 Table 类函数，它操作的对象（也就是第一个参数）是表。而函数的第二部分表示转换列的类型。这个 M 函数的作用就是转换列的数据类型，事实上它就是单击"检测数据类型"时自动生成的函数。

圆括号里面的参数以逗号分隔。该函数一共有 3 个参数。第一个参数是表。第二个参数代表转换的操作，"as list"说明该参数是列表，那么第二个参数肯定需要用花括号 {} 标识。操作必须有对象和具体的动作，这里的对象和动作组成了一个列表，比如 {" 产品价格 ",type number}。第三个参数是可选参数，保持默认设置即可。

在 M 函数参数中，as 用于指定输入参数及输出结果的数据类型。每一个输入参数都会用 as 指定数据类型，函数外围也会有一个 as 用于指定输出结果的数据类型。table、list、text 都是数据类型；数据类型 nullable 表示可为空值；optional 代表可选，相应参数为非必须输入的参数；culture 表示地区语言。

5.3.3 M 函数帮助信息

在 Power Query 编辑器里可以随时调出 M 函数列表查看其帮助信息，如图 5-28 所示。之前讲过使用关键字 #shared 可以列出 Power Query 中内嵌的 M 函数帮助信息。具体方法是：在查询列表中新建一个空查询，然后在公式栏中输入"=#shared"，按"Enter"键以后就会出现所有查询及函数的列表，可以将列表转换成表以方便查看和筛选。单击绿色字体的"Function"就可以查看函数的参数及用法示例。

如果要查看具体某个函数的参数及帮助信息，可以直接在公式栏中输入"= 函数名称"，调出该函数的参数及帮助信息。例如，新建空查询，然后在公式栏中输入"= Table.AddColumn"，按"Enter"键以后就能看到 Table.AddColumn() 函数的解释文本、具体参数等, 如图 5-29 所示。

	ABC Name	ABC 123 Value
8	List.NonNullCount	Function
9	List.MatchesAll	Function
10	List.MatchesAny	Function
11	List.Range	Function
12	List.RemoveItems	Function
13	List.ReplaceValue	Function
14	List.FindText	Function
15	List.RemoveLastN	Function
16	List.RemoveFirstN	Function
17	Binary.View	Function
18	Binary.ViewFunction	Function
19	Binary.ViewError	Function
20	Table.ColumnCount	Function
21	Table.AlternateRows	Function
22	Table.InsertRows	Function
23	Table.LastN	Function
24	Table.Last	Function
25	Table.MatchesAllRows	Function
26	Table.MatchesAnyRows	Function

图 5-28　Power Query 内嵌的 M 函数列表及其帮助信息

```
= Table.AddColumn
```

Table.AddColumn

将名为 newColumnName 的列添加到表 table。使用指定的选择函数 columnGenerator(它将每行作为输入)来计算列的值。

输入参数

table

newColumnName

示例 abc

columnGenerator

columnType (可选)

调用　　清除

function (table as table, newColumnName as text, columnGenerator as function, *optional* columnType as nullable type) as table

示例: 将名为"TotalPrice"的数字列添加到表中, 每个值是 [Price] 和 [Shipping] 列的总和。

使用情况:

```
Table.AddColumn(
    Table.FromRecords({
        [OrderID = 1, CustomerID = 1, Item = "Fishing rod", Price
= 100.0, Shipping = 10.00],
        [OrderID = 2, CustomerID = 1, Item = "1 lb. worms", Price
= 5.0, Shipping = 15.00],
        [OrderID = 3, CustomerID = 2, Item = "Fishing net", Price
```

图 5-29　查看 Table.AddColumn() 函数的参数及帮助信息

5.4 常用的 M 函数应用详解

要想真正掌握 M 函数，仅仅知道它的基本规范和语法是远远不够的。实践是真正掌握 M 函数的关键。本节将通过数据处理实战演示如何使用 M 函数，帮助读者在实战中掌握 M 函数的核心知识，为学习 M 语言进阶知识打下坚实的基础。

5.4.1 Table 类函数

Table 类函数在 M 函数中的占比非常高，筛选函数名称开头为"Table"的函数，一共有 112 个，部分 Table 类函数如图 5-30 所示。

	Name	Value
1	Table.ColumnCount	Function
2	Table.AlternateRows	Function
3	Table.InsertRows	Function
4	Table.LastN	Function
5	Table.Last	Function
6	Table.MatchesAllRows	Function
7	Table.MatchesAnyRows	Function
8	Table.Partition	Function
9	Table.Range	Function
10	Table.RemoveRows	Function
11	Table.Repeat	Function
12	Table.ReplaceRows	Function
13	Table.ReverseRows	Function
14	Table.HasColumns	Function
15	Table.PrefixColumns	Function
16	Table.ColumnsOfType	Function
17	Table.AddColumn	Function

图 5-30　部分 Table 类函数

Table 类函数基本都能通过 Power Query 中的按钮生成。对于常规操作对应的 M 函数，比如用于提升标题的 Table.PromoteHeaders() 函数、用于更改数据类型的 Table.TransformColumnTypes() 函数、用于重命名的 Table.RenameColumns() 函数以及用于删除列的 Table.RemoveColumns() 函数等，我们不需要刻意记忆，直接通过相应按钮生成即可。但对它们的语法规则要有所了解。它们的特点是参数构成简单，一般不超过两个参数。一般而言，第一个参数是表，第二个参数基本都是用列表指定的列。比如删除列步骤对应的 M 代码是：= Table.RemoveColumns(复制的列 ,{" 日期 "," 姓名 "})。"复制的列"是上一个步骤的名称，也就是表；第二个参数是用列表 {" 日期 "," 姓名 "} 指定的要删除的列。

对于用于添加列的 Table.AddColumn() 函数、用于追加查询的 Table.Combine() 函数、用于设置分组依据的 Table.Group() 函数、用于删除 / 跳过行的 Table.Skip() 函数、用于返回最大值行的 Table.Max() 函数等的用法及参数，我们需要更加熟悉。因为在某些场景下，使用 M 函数处理数据更加高效和灵活。比如，要追加查询 3 个表，那么直接在公式栏中输入"= Table.Combine({表 1、表 2、表 3})"将会便捷很多。在讲解分组依据时，我们使用 Table.Max() 函数返回表中指定列最大值所在的行，进而实现灵活计算。

Table 类函数应用场景很丰富、覆盖面广，在后面的实战案例中将会频频出现，这里不再逐一举例。

5.4.2　List 类函数

List 类函数在 M 函数中也是一个庞大的函数"家族"，Power Query 内嵌函数中共有72 个 List 类函数，部分 List 类函数如图 5-31 所示。列表在三大结构化数据中充当很重要的角色，因为它非常灵活，且包容性很好。

	ABC Name	ABC 123 Value
1	List.NonNullCount	Function
2	List.MatchesAll	Function
3	List.MatchesAny	Function
4	List.Range	Function
5	List.RemoveItems	Function
6	List.ReplaceValue	Function
7	List.FindText	Function
8	List.RemoveLastN	Function
9	List.RemoveFirstN	Function
10	List.Count	Function
11	List.Distinct	Function
12	List.FirstN	Function
13	List.IsEmpty	Function
14	List.LastN	Function
15	List.Select	Function
16	List.Skip	Function
17	List.Sort	Function
18	List.Transform	Function

图 5-31　部分 List 类函数

列表在 M 函数的参数中应用非常广泛，需要成对出现或者输入多个对象的参数都是以列表的形式传递的。所以 List 类函数的重要性不言而喻。我们在学习 Power Query 中的统计信息功能时见过部分 List 相关计值函数了，比如 List.Sum()、List.Max() 等函数。下面通过一个求重复出差天数的案例，使读者掌握更多的 List 类函数，如表 5-2 所示。

表 5-2 求重复出差天数涉及的 List 类函数

M 函数	语法	用途
List.Combine()	List.Combine(列表)	将多个列表合并成新的列表
List.Distinct()	List.Distinct(列表)	删除列表的重复项，返回新的列表
List.Difference()	List.Difference(列表 1, 列表 2)	获取列表 1 中独有的项，返回新的列表
List.Count()	List.Count(列表)	获取并返回列表中成员计数

员工	出差开始时间	出差结束时间
小力	2016/10/13	2016/10/15
天天	2016/5/27	2016/5/27
天天	2016/5/31	2016/5/31
天天	2016/9/16	2016/9/17
天天	2016/10/13	2016/10/15
天天	2016/10/19	2016/10/25
天天	2016/10/20	2016/10/31
天天	2016/10/22	2016/10/23
苏苏	2016/5/31	2016/5/31
小白	2016/10/11	2016/10/15
小白	2016/10/12	2016/10/12
小白	2016/10/19	2016/10/19
小白	2016/11/14	2016/11/17
果果	2016/10/13	2016/10/15
果果	2016/10/19	2016/10/19

图 5-32 员工出差记录表

示例数据是公司员工的出差记录表，如图 5-32 所示。其中，员工天天有一条出差记录的日期是 2016 年 10 月 19 日到 2016 年 10 月 25 日，而另一条出差记录的日期是 2016 年 10 月 20 日到 2016 年 10 月 31 日，这两条出差记录中 2016 年 10 月 20 日到 2016 年 10 月 25 日属于重复出差日期，我们需要找出存在重复出差日期的员工并统计重复出差天数。

整体的解题思路是将员工所有出差日期都还原，即将从出差开始到出差结束每一天的日期都获取出来。然后按员工分组，将同一员工所有出差日期都包含在同一个列表中，对列表去重。员工所有出差日期与去重之后的日期之差就是重复出差日期。

将数据加载到 Power Query 编辑器，为了让每一天都对应生成一条记录，需要将出差记录的日期转换成数值，然后使用 ".." 生成连续的数值序列，代表出差日期记录。新建自定义列，其公式为 "= {Number.From([出差开始日期])..Number.From([出差结束日期])}"，如图 5-33 所示。

图 5-33 自定义列

Number.From() 是常用的类型转换函数，用于将文本或者日期时间类数据转换成可以参与运算的数值。比如文本类型的"123"不能参与运算，因此需要使用 M 函数将其转换成数值才能参与运算，M 代码为：= Number.From ("123")。Excel 内部是用数字来存储日期的，1900 年 1 月 1 日对应的数字是 1，其他日期依次递增。使用 Number.From() 函数可以返回日期对应的数字。常用的类型转换函数如表 5-3 所示。

表 5-3　常用的类型转换函数

M 函数	从	到	用途
Number.From()	—	数值	返回参数的数值形式
Text.From()	—	文本	返回参数的文本形式
Date.From()	—	日期	返回参数的日期值
Time.From()	—	时间	返回参数的时间值
Number.FromText()	文本	数值	从文本参数返回数值
Date.FromText()	文本	日期	根据当前日期格式创建日期
Time.FromText()	文本	时间	根据当前时间格式创建时间
Number.ToText()	数值	文本	返回数值参数的文本形式
Date.ToText()	日期	文本	返回日期参数的文本形式
Time.ToText()	时间	文本	返回时间参数的文本形式

生成的自定义列是包含列表的列，列表中包含的是出差日期对应的数值，如图 5-34 所示。在第一个列表中，42656 ～ 42658 代表从 2016 年 10 月 13 日到 2016 年 10 月 15 日这 3 天。

图 5-34　还原出差日期

按员工分组对出差记录进行合并，将同一个员工所有的出差日期记录都合并到一个列表中，这时需要用到 List.Combine() 函数，在公式栏中输入以下 M 代码：

```
=Table.Group(已添加自定义,{"员工"}, {{"全部出差日期", each List.Combine(_[出差日期记录])}})
```

此时每个员工的所有出差日期都合并到同一个列表中，也就是说如果有重复的出差日期，那么该日期就会在列表中出现多次。如图 5-35 所示，员工小白的出差日期中有一天是重复的。

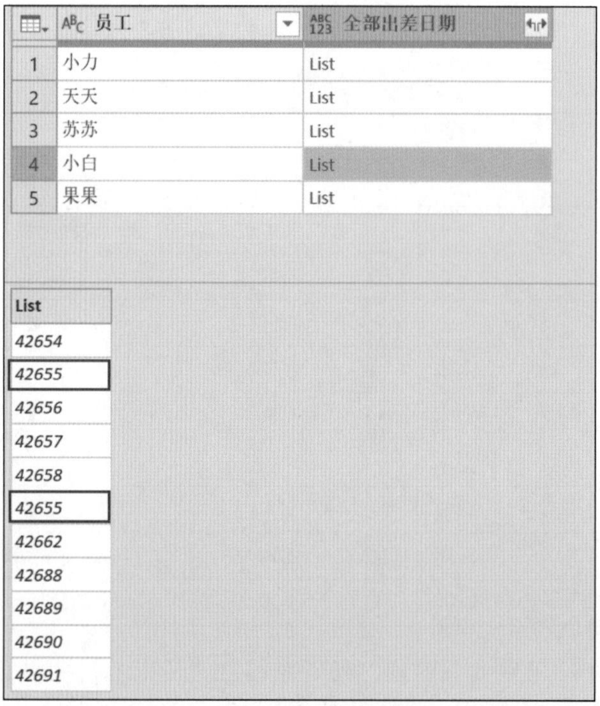

图 5-35 用 List.Combine() 函数合并每个员工的所有出差日期

接下来，我们将这个列表里面的重复值去掉再与原列表相减，那么可得到重复的出差日期。新建自定义列，使用 List.Distinct() 函数对列表去重，如图 5-36 所示。

图 5-36 用 List.Distinct() 函数对列表去重

全部出差日期列包含所有的出差日期，而出差日期_去重列中的日期仅保留了不重复的出差日期。只要将两个列表相减就能得到重复的出差日期。新建列，使用 List.Difference() 函数返回两个列表的差，如图 5-37 所示。

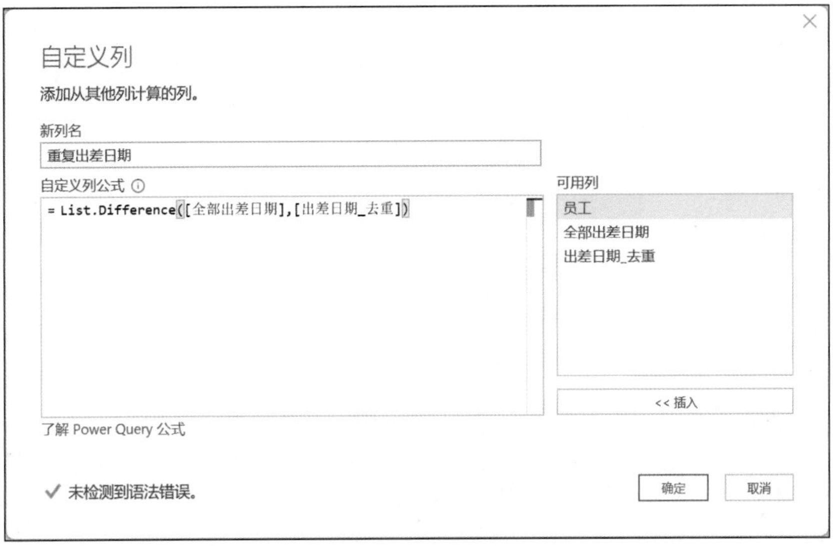

图 5-37　用 List.Difference() 函数返回两个列表的差

最后用 List.Count () 函数计算重复出差天数，如图 5-38 所示。

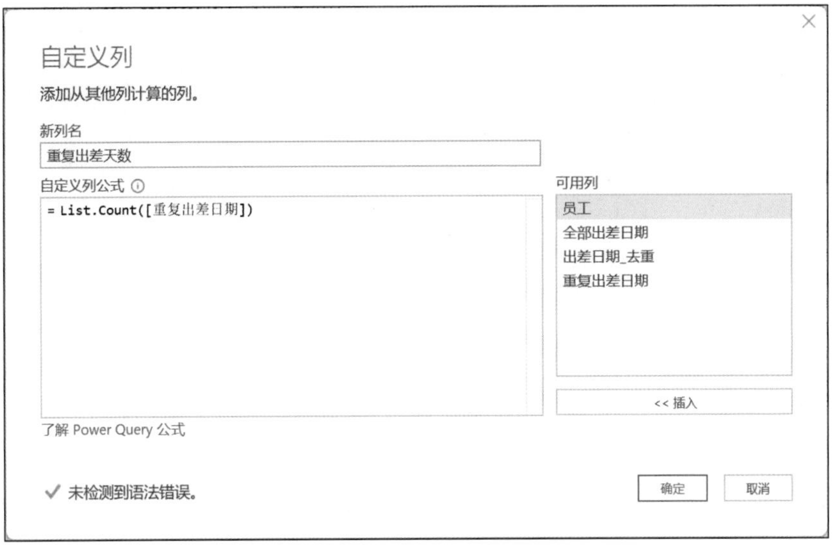

图 5-38　用 List.Count () 函数计算重复出差天数

最后的计算结果是员工天天重复出差 8 天、员工小白重复出差 1 天，如图 5-39 所示。以上案例用列表解决实际工作中遇到的重复出差天数统计问题，使用 4 个 List 类函数一步一步计算得出

员工	重复出差天数
天天	8
小白	1

图 5-39　重复出差天数计算结果

结果。如果我们对 M 函数足够熟悉，可以嵌套使用这 4 个 List 函数一步得出结果。

5.4.3　Text 类函数

Text 类函数是非常实用的一类 M 函数。Text 类函数在 Power Query 内嵌的函数中有 49 个，部分 Text 类函数如图 5-40 所示。它们与 Excel 中的文本处理函数（如 LEFT()、RIGHT()、LEN() 等）一样，是用于处理文本类型数据的很好的工具。

Text 类函数相比 Excel 中的文本处理函数，适用于更多不同的文本处理场景，如 Text. Remove() 函数和 Text.Select() 函数。Text.Remove() 函数和 Text.Select() 函数是两个功能相反的函数，前者用于从文本中删除指定字符，后者用于从文本中选择（获取）指定字符。两个函数的语法格式如下：

```
Text.Remove(text as nullable text, removeChars as any) as nullable text
Text.Select(text as nullable text, selectChars as any) as nullable text
```

示例数据如图 5-41 所示。

	ABC Name	ABC 123 Value
12	Text.At	Function
13	Text.From	Function
14	Text.Length	Function
15	Text.Range	Function
16	Text.Middle	Function
17	Text.Start	Function
18	Text.End	Function
19	Text.StartsWith	Function
20	Text.EndsWith	Function
21	Text.Contains	Function
22	Text.Clean	Function
23	Text.PositionOf	Function
24	Text.PositionOfAny	Function
25	Text.Lower	Function

产品名称
001护肤品 : skin care product
002洁面乳 - facial cleanser
003. 洁面啫喱 : cleansing gelly
. 005眼霜 - eye cream
. 006爽肤水： toner
007紧肤水： firming lotion
004 面膜facial mask
008护手霜hand lotion
009. 香水perfume
&010喷雾式香水： atomizer perfume

图 5-40　部分 Text 类函数　　　　　　图 5-41　包含中英文、数字等的产品名称列

如果要从图 5-41 所示的产品名称列中提取出产品中文名，可以添加自定义列，其公式为 "= Text.Select([产品名称],{" 一 ".." 龟 "})"，如图 5-42 所示。

Text.Select() 函数有两个参数。第一个参数是文本，第二个参数是需要选择的字符。值得注意的是，该函数的第二个参数的数据类型是 any，也就是说，既可以直接传递单个文本作为第二个参数，又可以传递列表作为第二个参数。公式中 {" 一 ".." 龟 "} 是指由从 "一" 开始到 "龟" 结束的所有汉字组成的列表，".." 用于构建列表。因为 "龟" 的 Unicode 字符很靠后，所以 {" 一 ".." 龟 "} 可以覆盖我们常用的汉字，因此产品中文名都会被提取出来。

用 Table.Remove() 函数完成以上任务虽然困难一些，但是也可以完成，使用该函数的逻辑是删除所有无关信息。除了要删除所有英文字母外，还要将数字及标点符号都删除，因此自定义列公式应该为 "=Text.Remove([产品名称],{" ".."~",": "})"，如图 5-43 所示。

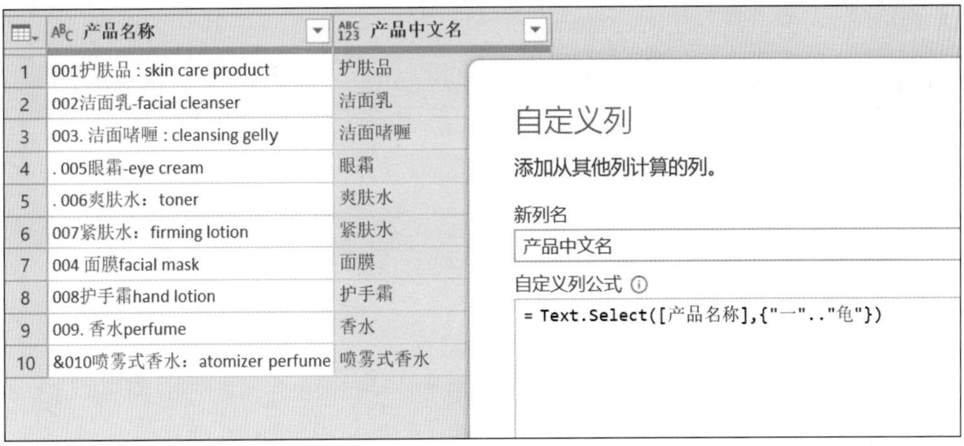

图 5-42 提取产品中文名

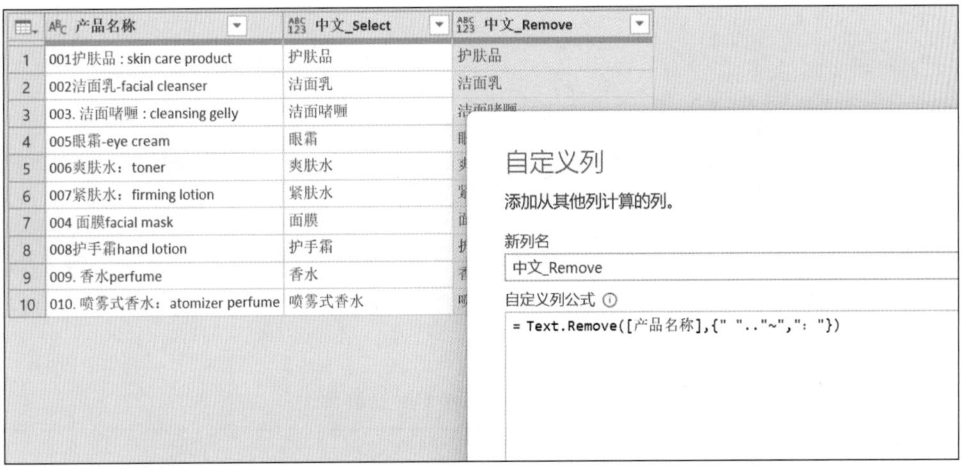

图 5-43 仅保留产品中文名

{" ".."~"} 用于构造包含空格、其他英文特殊符号、英文大小写字母及数字等的列表，列表不包含中文的冒号，可将冒号直接添加到列表中。如果要从产品名称列中提取出产品英文名，可以添加自定义列并定义其公式为"= Text.Select([产品名称],{"a".."z"})"。如果要从该列中提取出产品编号，可以添加自定义列并定义其公式为"= Text.Select([产品名称],{"0".."9"})"。

这里使用了".."构造连续的序列，我们可以使用 Table.FromColumns() 函数将这些序列组成表格进行观察。新建查询，在公式栏中输入以下公式：

```
= Table.FromColumns({{"0".."9"},{"a".."z"},{"A".."Z"},{"一".."龟"},{" ".."~"},
{"A".."z"}},{"数字"," 小写字母","大写字母","中文字符","英文字符","大小写字母"})
```

Table.FromColumns() 函数的语法格式是：Table.FromColumns(列表 , 标题列表)。它的功能是用多个列表创建一个表，第二个参数用于指定列标题，可省略。标题个数需要与第一个参数中列表个数一致，如果某些列的值比其他列的多，则使用默认值"null"填充。以上公式生成的表格如图 5-44 所示。需要注意的是，生成大小写字母的序列，顺序是从大写 A 到小写 z，并且它们中间包含几个特殊字符。

	AᴮC 中文字符	AᴮC 英文字符	AᴮC 大写字母	AᴮC 小写字母	AᴮC 大小写字母	AᴮC 数字
1	一		A	a	A	0
2	丁	!	B	b	B	1
3	丂	"	C	c	C	2
4	七	#	D	d	D	3
5	丄	$	E	e	E	4
6	丅	%	F	f	F	5
7	丆	&	G	g	G	6
8	万	'	H	h	H	7
9	丈	(	I	i	I	8
10	三	)	J	j	J	9
11	上	*	K	k	K	
12	下	+	L	l	L	
13	丌	,	M	m	M	
14	不	-	N	n	N	
15	与	.	O	o	O	
16	丏	/	P	p	P	
17	丐	0	Q	q	Q	
18	丑	1	R	r	R	
19	丒	2	S	s	S	
20	专	3	T	t	T	
21	且	4	U	u	U	
22	丕	5	V	v	V	
23	世	6	W	w	W	
24						

图 5-44　生成的表格

　　M 函数中还有一系列的文本处理函数，表 5-4 列举了常用的文本处理函数（即 Text 类函数），同时给出了与其功能相似的 Excel 函数，读者可以动手尝试使用这些函数，对比一下它们和等价的 Excel 函数的区别。

表5-4　常用的Text类函数及其用途

M函数	Excel 函数	用途
Text.Length()	LEN()	返回文本中的字符数
Text.Format()	TEXT()	按指定格式格式化文本
Text.PositionOf()	FIND()	返回文本中指定字符的位置
Text.Contains()	SEARCH()	判断文本中是否包含指定字符
Text.Start()	LEFT()	从文本开头返回给定数量的字符
Text.End()	RIGHT()	从文本末尾返回给定数量的字符
Text.Middle()	MID()	返回文本中给定长度的字符串
Text.Proper()	PROPER()	将文本中第一个字母转大写，其他转小写
Text.Lower()	LOWER()	返回文本的小写形式
Text.Upper()	UPPER()	返回文本的大写形式
Text.Clean()	CLEAN()	去除文本中的非打印字符
Text.Replace()	REPLACE()/SUBSTITUTE()	将文本中指定字符替换为新字符
Text.Trim()	TRIM()	删除文本中多余的空格

5.4.4　批量转换函数

批量转换函数在 M 语言中是用于构造循环与遍历环境的。大部分计算机语言中都有专门用来构造循环的语法结构，比如 VBA 的 For 循环（For...Next）和 Do 循环（Do...Loop）。而 M 函数是通过批量转换函数来实现循环的，常用的批量转换函数有 List.Transform()、Table.TransformColumns() 函数。

使用 List.Transform() 函数可以实现对列表的批量转换。List.Transform() 函数通过将转换函数 transform（第二个参数）应用到列表 list（第一个参数）的每一个成员来返回新列表。官网给出的 List.Transform() 函数的语法格式如下：

```
List.Transform(list as list, transform as function) as list
```

List.Transform() 函数的基础用法是结合关键字 each，对列表进行指定方式的计算。比如，将列表 {1..10} 每个成员乘 2，以下 3 个公式都可以实现：

```
= List.Transform({1..10},each_*2)
= List.Transform({1..10},(r)=>r*2)
= List.Transform({1..10},(_)=>_*2)
```

3 个公式中的第二个参数都是自定义的转换函数，这里的 each_ 与 ()=> 都是用于定义函数的语法形式。第二个参数也可以直接使用 Power Query 内嵌的函数。比如，将列表 {1..10} 转换成文本列表，公式如下。

```
= List.Transform ({1..10}, each_Text.From(_))
= List.Transform ({1..10},Text.From) // 当转换函数为类型转换函数时可以省略each_
```

转换以后的文本列表也包含一串数字，如图 5-45 所示，不认真观察可能看不出转换前后的区别。实际上文本类型与数值类型的数字区别很大。首先，转换以后的文本类型的数字是不能参与运算的。其次，数值类型的数字在 Power Query 中的对齐方式是右对齐，转换成文本类型以后对齐方式变成左对齐。这个规则在 Excel 中也是一样的，因此数据在 Excel 中默认的对齐方式可用于区分数值和文本。

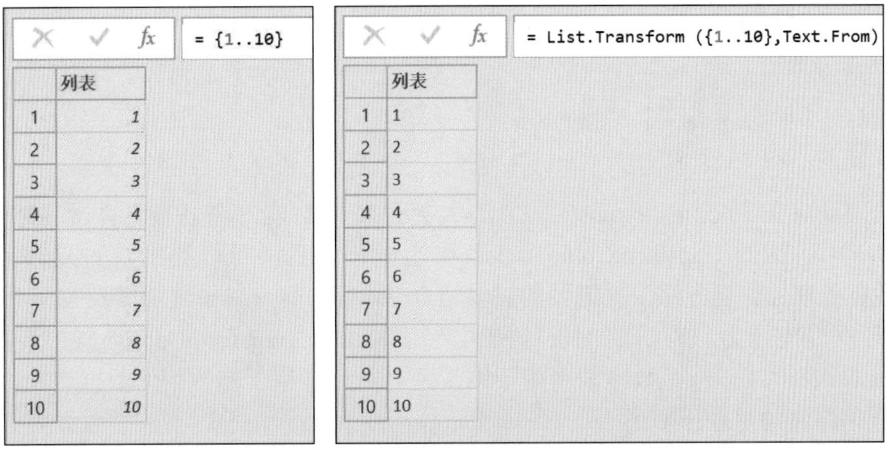

图 5-45　转换前后的数字对齐方式

使用 Table.TransformColumns() 函数可以在不添加新列的情况下，完成对指定列的条件转换。使用 Power Query 的"转换"选项卡中的功能所生成的 M 代码中经常有该函数。Table.TransformColumns() 函数与 List.Transform() 函数有不少共同之处，它只是把转换的对象升级为表格了。Table.TransformColumns() 函数的第一个参数是表，第二个参数是转换操作组成的列表，其他几个参数为可选参数。官网给出的该函数的语法格式如下：

```
Table.TransformColumns(table as table, transformOperations as list, optional
defaultTransformation as nullable function, optional missingField as nullable number)
as table
```

其中第二个参数 transformOperations 的中文意思是"转换操作"。对表的列进行转换，除了提供转换操作以外，也必须指定转换对象。针对单列进行转换时，transformOperations 需要包含转换对象及转换操作，所以要用列表表示，比如 {" 姓氏 ", Text.Upper}；而针对多列进行转换时，transformOperations 就需要用由列表组成的列表表示，比如 {{" 姓氏 ", Text.Upper},{" 名字 ", Text.Lower}}。

示例数据如图 5-46 所示。

	ABC 123 名字	ABC 123 姓氏	ABC 123 全名	ABC 123 得分
1	JOHN	doe	john doe	85
2	JANE	smith	jane smith	92
3	ROBERT	brown	robert brown	78
4	SARAH	johnson	sarah johnson	90
5	DAVID	miller	david miller	87
6	EMILY	jones	emily jones	94
7	WILLIAM	garcia	william garcia	81
8	ASHLEY	wilson	ashley wilson	89
9	JASON	martinez	jason martinez	75
10	LAURA	anderson	laura anderson	97

图 5-46　示例数据

下面通过 Table.TransformColumns() 函数将示例数据中的名字列转换为小写，全名按首字母大写格式转换，并将得分大于或等于 80 的级别设为"及格"，将得分小于 80 的级别设为"不及格"。

```
= Table.TransformColumns(更改的类型, {{"名字", Text.Lower, type text}, {"全名", Text.
Proper, type text}, {"得分",each if _>=80 then "及格" else "不及格"} }  )
```

对于 Table.TransformColumns() 函数的大部分转换功能，在功能区中都能找到对应的按钮，学习 Table.TransformColumns() 函数的语法以后，可以更加深刻地理解 Power Query 数据处理的底层方法。在需要的时候结合 Power Query 编辑器功能及 M 函数，可快速提升数据处理能力。表格的批量转换函数还有 Table.TransformColumnNames()、Table.TransformColumnTypes() 函数，前者用于修改列名，后者用于修改列的数据类型，它们的用法比较简单，这里就不赘述。

5.5　M 函数轻松学：移花接木

M 函数如此之多，而且大部分函数的参数都比较复杂，如果仅靠记忆书写 M 函数，难度比较大。因此我们需要学会"移花接木"法，也就是充分利用 Power Query 编辑器的代码录制功能获取不熟悉的 M 函数，或者根据其生成代码的语法，修改 M 函数的部分参数。学会根据个性化的需求修改已有 M 代码，是灵活应用 M 函数的初级阶段。

假设需要求一列数据的绝对值，但是并不知道这个操作对应哪个函数。我们可以在功能区中先找到对应的功能（选择"转换"→"科学记数"→"绝对值"），然后生成对应的函数（Number.Abs() 函数），如图 5-47 所示。

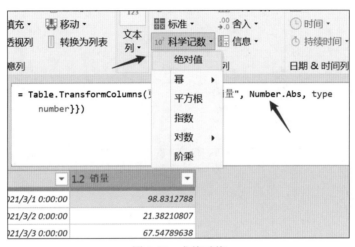

图 5-47　求绝对值

此时我们可以知道求绝对值的函数是 Number 类函数，并且该类函数作为 Table.TransformColumns() 函数的参数使用，在公式栏中生成的代码如下：

```
= Table.TransformColumns(更改的类型,{{"销量", Number.Abs, type number}})
```

如果我们需要求数据的平方根，只要将 Number.Abs() 函数改成 Number.Sqrt() 函数就可以了。代码如下。

```
= Table.TransformColumns(更改的类型,{{"销量", Number.Sqrt, type number}})
```

以上是一个通过 Power Query 编辑器功能获取 M 函数和修改 M 代码的案例。继续使用求重复出差天数的案例讲解如何利用"移花接木"法解决数据处理过程中的问题。在求重复出差天数的案例中，我们除了需要求出重复出差天数以外，还需要将重复的出差日期展示出来，输出结果如图 5-48 所示。

我们已经通过组合 List 类函数求得员工的重复出差天数，并且将重复出差日期以列表的形式保存起来，如图 5-49 所示。我们只需要将它们展开，然后转换成文本，再用指定分隔符合并就可以了。

单击重复出差日期列右上角的，选择"扩展到新行"，获取重复出差日期明细，如图 5-50 所示。

	ABC 员工	▼	123 重复出差天数	▼	ABC 日期	▼
1	天天		8		2016/10/20	
					2016/10/21	
					2016/10/22	
					2016/10/23	
					2016/10/24	
2	小白		1		2016/10/12	

图 5-48　同时计算重复出差天数及对应日期

	ABC 员工	▼	ABC 重复出差日期	⇄	ABC 重复出差天数	▼
1	天天		List			8
2	小白		List			1

图 5-49　重复出差日期及天数

	ABC 员工	▼	ABC 重复出差日期	▼	ABC 重复出差天数	▼
1	天天		42663			8
2	天天		42664			8
3	天天		42665			8
4	天天		42666			8
5	天天		42667			8
6	天天		42668			8
7	天天		42665			8
8	天天		42666			8
9	小白		42655			1

图 5-50　展开重复出差日期列

将重复出差日期列转换成日期类型，然后转换成文本类型，方便后续使用分隔符将重复出差日期合并。新建自定义列，如图 5-51 所示。

最后按员工分组，求重复出差天数并合并文本类型的重复出差日期，可以先用分组依据功能对分组后的行计数，如图 5-52 所示。

手动修改 Table.Group() 函数中的部分代码，如图 5-53 所示，在它的第二个参数中增加 {" 日期 ",each Text.Combine(_[文本类型日期],"#(lf)")}。这一段代码的作用是将重复出差日期合并，并以换行符分隔。

其中的 #(lf) 是 Power Query 里的特殊字符，它代表的是换行符。其他特殊字符还有 #(tab)、#(cr)、#(lf)、#(cr)、#(lf)、#(00A0) 等。需要注意的是，特殊字符是文本类型数据，在 M 函数中使用时需要用双引号标识。如果记不住这几个特殊字符也没关系，通过按分隔符拆分列功能可以生成所有这些特殊字符，如图 5-54 所示。

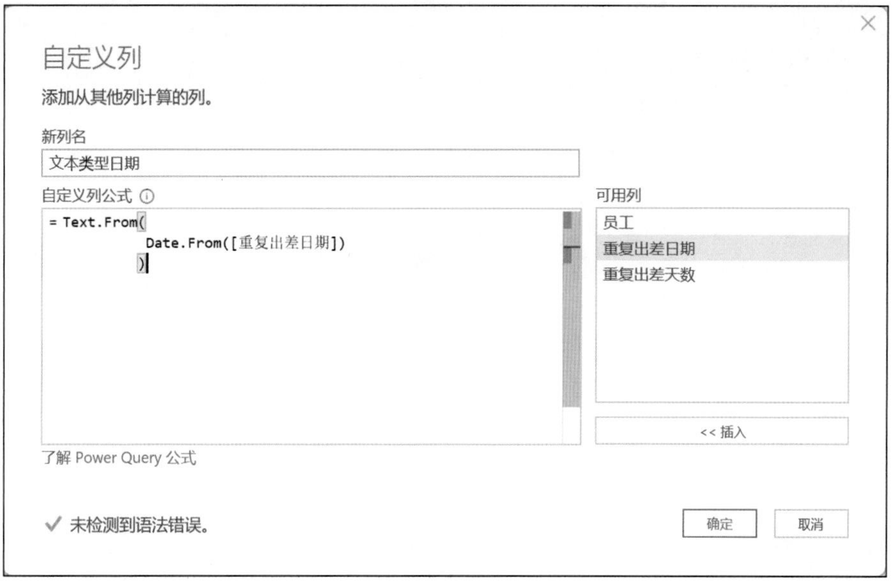

图 5-51　新建自定义列

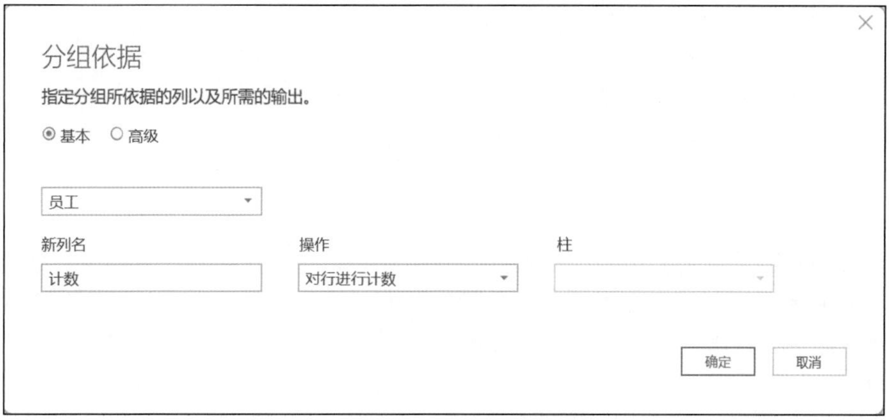

图 5-52　按员工分组计数

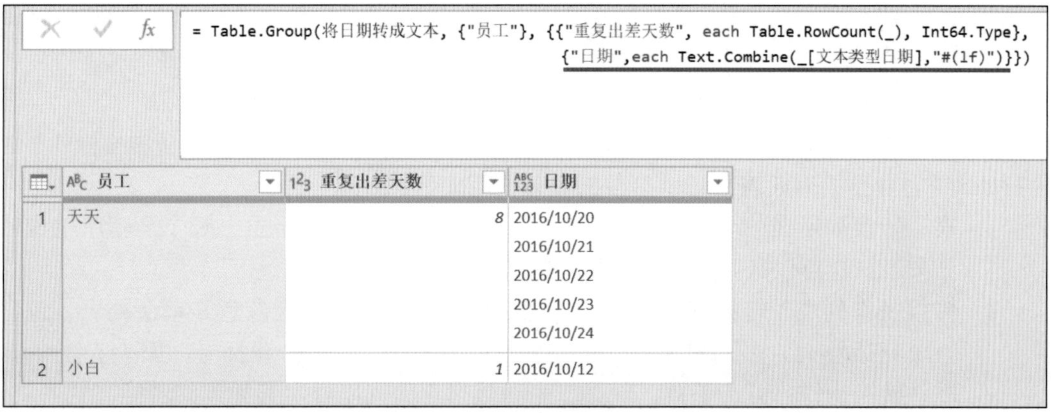

图 5-53　手动修改 M 代码

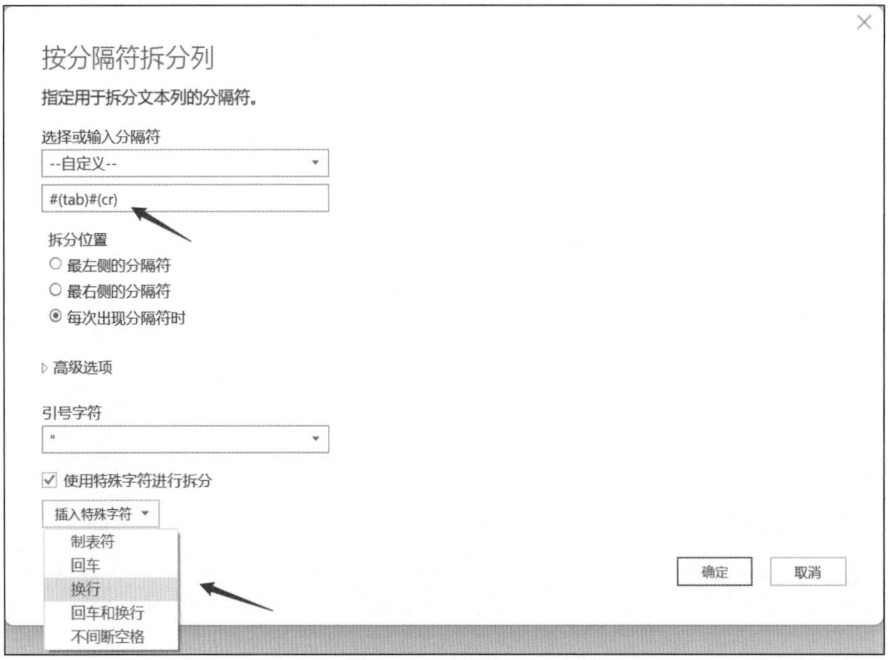

图 5-54　特殊字符

5.6　M 函数轻松学：拆解参数

M 函数的参数可以是多种类型的数据，包括数字、文本、列表、表格等。如果我们把 M 函数比喻成厨师，它的参数便是食材。就像厨师需要按标准加工和处理食材，才能做出美味佳肴一样，M 函数也需要通过接收正确的参数来进行数据处理和转换。同一个函数接收不同的参数，转换的效果也可能大不相同。因此学会拆解 M 函数的参数，了解每一个参数在数据处理流程中发挥的作用，是理解和应用 M 函数非常重要的一步。我们以 Table.TransformColumns() 为例，学习拆解参数的方法。该函数的语法格式如下：

```
Table.TransformColumns(table as table, transformOperations as list, optional
defaultTransformation as nullable function, optional missingField as nullable number)
as table
```

以上语法格式可看作：Table.TransformColumns(表，转换操作列表，默认转换操作，缺失列处理方法) 结果返回表。每个参数的具体说明如下。

- **表**：转换列所在的表，函数处理对象；一般是步骤名，即由上一个步骤所生成的结果表；也可以是其他 M 函数生成的表。
- **转换操作列表**：转换列及转换操作组成的列表；单列转换参数是单层列表，包含一个花括号 {}，多列转换参数是列表中的列表，包含多个花括号，如 {{},{}}。
- **默认转换操作**：可选参数，除第二个参数指定的列以外，其他列的转换方式。
- **缺失列处理方法**：可选参数，在第二个参数指定列无法找到的情况下，可通过数字指定处理方法，其中 0=MissingField.Error 表示报错，1=MissingField.Ignore 表示忽略，2=MissingField.UseNull 表示用空值填充。

将图 5-55 所示的数据加载到 Power Query 编辑器中。

产品编号	产品名称	产品分类	生产日期	价格(元)	数量
1	电视机	电子产品	2022/1/1	3999	50
2	洗衣机	家电产品	2022/3/15	4999	30
3	冰箱	家电产品	2022/2/5	7299	10
4	空调	家电产品	2022/6/30	8299	20
5	手机	电子产品	2022/8/11	4199	100
6	笔记本电脑	电子产品	2022/10/24	7299	50
7	沙发	家具	2022/4/17	4399	15
8	茶几	家具	2022-12-25	1799	20
9	布草地毯	家具	2021/1/24	1299	25
10	浴霸	家电产品	2021/3/11	1099	10

图 5-55　产品表

使用批量转换函数 Table.TransformColumns() 将全部产品价格乘 0.95，这通过"标准"→"乘"可以完成。用我们前面所学的 M 函数知识也能完成，代码如下：

```
= Table.TransformColumns(更改的类型, {{"价格（元）", each _ * 0.95, type number}})
```

以上代码中包含"each _"，"each"的中文翻译是"每一个"，而"_"是一种省略写法，表示"当前值"。"each _"与其前面的"价格（元）"代表价格列里的每一个值。"type number"用于指定转换后列的数据类型，此部分可省略。

如果需要增加不同列的转换操作，比如将产品编号改为"P0001"格式，即将数字部分补齐到 4 位数，不足 4 位的在前面加 0，并在开头增加字母"P"，在第二个参数中增加转换即可。

```
= Table.TransformColumns(更改的类型, { {"价格（元）", each _ * 0.95, type number},
{"产品编号", each "P"&Text.PadStart(_,4,"0")}  })
```

这里要注意 M 代码的格式化。在拆解参数时，对齐参数非常有利于我们理解参数结构、快速地理解 M 函数的作用，如图 5-56 所示。M 代码格式化的规则与 DAX 代码格式化的规则相同，重点是同层级的成员对齐，方便梳理逻辑。

```
= Table.TransformColumns(更改的类型, {
                         {"价格（元）", each _ * 0.95, type number},
                         {"产品编号", each "P"&Text.PadStart(_,4,"0")}
                         })
```

图 5-56　M 代码格式化

接下来我们测试第三个参数，我们给第二个参数传递一个空列表，给第三个参数传递函数 Text.From()，"被乘的列"是上一个步骤的结果表。

```
= Table.TransformColumns(被乘的列, {},Text.From)
```

因为第二个参数并没有指定列，所以全部列都转换成了文本类型。

如果保留之前对价格及产品编号列的转换操作，增加第三个参数，并且直接对源表进行转换，代码如图 5-57 所示。

```
= Table.TransformColumns(源, {
                           {"价格（元）", each _ * 0.95, type number},
                           {"产品编号", each "P"&Text.PadStart(_,4,"0")}
                           },
                           Text.From
          )
```

图 5-57　第三个参数的测试代码

以上代码的转换结果是除第二个参数指定的列以外，其他列的数据都转换成了文本类型，如图 5-58 所示。对比之下我们可发现，除了第二个参数指定的列以外，其他所有列都按第三个参数指定的方式转换。如果有很多列需要执行同样的转换，则可以在第二个参数指定特殊转换以后，其他的转换都交给第三个参数指定。

	ABC123 产品编号	ABC 产品名称	ABC 产品分类	ABC 生产日期	1.2 价格（元）	ABC 数量
1	P0001	电视机	电子产品	2022/1/1 0:00:00	3799.05	50
2	P0002	洗衣机	家电产品	2022/3/15 0:00:00	4749.05	30
3	P0003	冰箱	家电产品	2022/2/5 0:00:00	6934.05	10
4	P0004	空调	家电产品	2022/6/30 0:00:00	7884.05	20
5	P0005	手机	电子产品	2022/8/11 0:00:00	3989.05	100
6	P0006	笔记本电脑	电子产品	2022/10/24 0:00:00	6934.05	50
7	P0007	沙发	家具	2022/4/17 0:00:00	4179.05	15
8	P0008	茶几	家具	2022-12-25	1709.05	20
9	P0009	布草地毯	家具	2021/1/24 0:00:00	1234.05	25
10	P0010	浴霸	家电产品	2021/3/11 0:00:00	1044.05	10

图 5-58　转换结果

第四个参数有 3 个选项，用于处理缺失值，并声明当第二个参数指定的列在数据表中无法找到时应如何处理。如图 5-59 所示，代码中的产品表中并无产品列，因此第四个参数输入了 0，代表返回错误信息。

```
= Table.TransformColumns(源, {
               {"价格（元）", each _ * 0.95, type number},
               {"产品编号", each "P"&Text.PadStart(Text.From(_),4,"0")} ,
               {"折扣",each _*0.9}
               },
               Text.From,
               0
          )
```

图 5-59　第四个参数为 0 时返回的错误信息

如果指定第四个参数为 1，则直接忽视不存在的折扣列，返回正常结果。如果指定第四个参数为 2，返回的表中增加折扣列，并以 null 填充，如图 5-60 所示。

```
= Table.TransformColumns(源, {
                    {"价格 (元) ", each _ * 0.95, type number},
                    {"产品编号", each "P"&Text.PadStart(Text.From(_),4,"0")} ,
                    {"折扣",each _*0.9}
                    },
                    Text.From,
                    2
            ),
```

	ABC 123 产品编号	? 折扣
1	P0001	null
2	P0002	null
3	P0003	null
4	P0004	null
5	P0005	null
6	P0006	null
7	P0007	null
8	P0008	null
9	P0009	null
10	P0010	null

图 5-60　第四个参数指定为 2 时的结果

5.7　M 函数轻松学：多层嵌套

和 Excel 函数一样，M 函数也可以多层嵌套使用。M 函数多层嵌套，其实就是以另一个 M 函数或者自定义函数返回的结果为参数，或者以 M 函数的输出作为另一个 M 函数的输入。多层嵌套要求我们对数据处理流程有清晰的了解，同时对嵌套使用的 M 函数的输出及输入数据类型都有很好的把握。

我们通过以下文本和数值混合提取并求和的示例来理解 M 函数的多层嵌套使用。现有产品信息列如图 5-61 所示，将产品名称及金额混合存储在该列中，每个产品以分号分隔。使用 Excel 记录数据时应该避免出现这种情况，保持数据规范。

产品信息
米粉21元;鸡蛋5.5元;豆瓣酱8元
面包12元;牛奶9.8元;咖啡15元
洗洁精12元;纸巾10元
沐浴露28元;洗发水22元;毛巾43元
方便面4.5元
馒头2元;包子4.5元;豆浆3.8元
手表358元;耳机199元;U盘39元
收音机299元;风扇109元
床单199元;被套99元;枕头58元
鼠标99元;键盘79元;墨水49元

图 5-61　产品信息列

解题思路如下。先把列中的数字（包含小数点）及分隔符 ";" 提取出来，这需要用到 Text.Select() 函数，也可以使用 Text.Remove() 函数。然后以提取出来的 ";" 作为分隔符，拆分文本，这需要用到 Text.Split() 函数。提取出来的数字是文本，以列表的形式存储，为了对它们进行求和，需要将它们转换成数值，因此需要用到 List.Transform() 函数，将列表中成员转换成数值。最后将列表中的数值相加即可，需要用到的函数是 List.Sum()。

按照以上思路，将产品信息列加载到 Power Query 编辑器中。在 Power Query 编辑器中添加自定义列。在"新列名"文本框中输入"合计金额"，设置自定义列公式如下。

```
=List.Sum(
 List.Transform(
   Text.Split(
           Text.Select([产品信息],{"0".."9",".",";"}),
           ";"
           ),Number.From)
       )
```

整个嵌套函数的写法应该是先写里层再写外层，如果有不清楚的地方可以分步测试输出结果。需要将 M 函数按照代码格式化要求规范对齐，这有助于我们梳理思路，如图 5-62 所示。

图 5-62 M 函数多层嵌套

使用 M 函数多层嵌套可以压缩数据处理步骤，减少冗余，让代码看起来更加简洁，但这增加了代码阅读难度，不便于后期修改和维护代码。因此不能滥用多层嵌套，多层嵌套最好配合 M 代码格式化及注释使用，让步骤更加清晰。

5.8 M 函数轻松学：庖丁解牛

对于数据处理而言，M 函数最大的特点就是数据扁平化。也就是通过丰富的 M 函数体系及结构化数据之间的转换，将我们接触最频繁的表格，像庖丁解牛一样拆成记录、列表、值。拆散后的数据可以再次按要求通过 M 函数转换，或者说"组装"。让数据处理就像"搭积木"一样，轻松自如。

本节示例数据如图 5-63 所示，我们需要将左表转换成更加适用于分析的一维表数据（右表）。

单击"自表格 / 区域"，将数据加载到 Power Query 编辑器，需要注意的是，在弹出的"创建表"对话框中，取消勾选"表包含标题"，如图 5-64 所示。

我们可以将加载到 Power Query 编辑器的数据表分成三大部分，表的第一行和第二行分别代表部门和标题两个部分，剩下的是第三部分，即表格内容，如图 5-65 所示。

部门	名字	年龄
销售一部	张三	20
销售一部	李四	22
销售一部	王五	26
销售一部	何九	18
销售二部	甲	24
销售二部	乙	26
销售二部	丙	25
销售二部	丁	32
销售三部	A	18
销售三部	B	16
销售三部	C	28
销售三部	D	30

销售一部		销售二部		销售三部	
名字	年龄	名字	年龄	名字	年龄
张三	20	甲	24	A	18
李四	22	乙	26	B	16
王五	26	丙	25	C	28
何九	18	丁	32	D	30

图 5-63　部门人员表

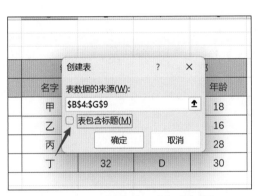

图 5-64　取消勾选"表包含标题"

图 5-65　数据表在 Power Query 中分为三大部分

通过表格的深化获取部门信息，部门信息在数据表的第 0（Power Query 的行索引从 0 开始）行，在公式栏中输入公式"= 源 {0}"，可返回包含部门信息的记录。为了更好地进行后续操作，需将它转换成列表，同时删除列表中的 null，将步骤名修改为"部门"。最终的嵌套公式修改为"= List.RemoveNulls(Record.ToList(源 {0}))"，如图 5-66 所示。

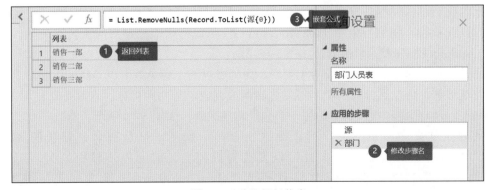

图 5-66　获取部门信息

通过表格的深化获取列标题，列标题在源表的第 1 行，直接获取的列标题有重复值，需要删除重复值，在公式栏中输入公式"= List.Distinct(Record.ToList(源 {1}))"，如图 5-67 所示。

图 5-67　获取列标题

获取表格内容是本节示例中比较困难的部分。前面已经将部门信息及列标题保存在两个列表中，可以使用 Table.Skip() 函数将表的前两行删除，如图 5-68 所示。

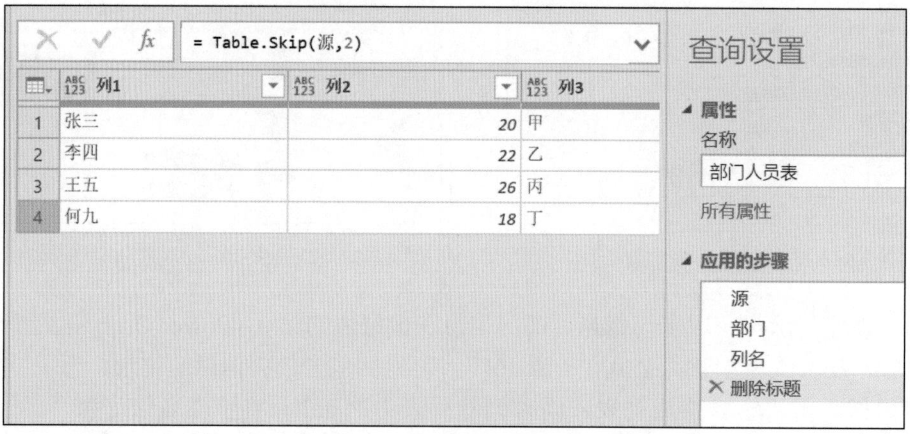

图 5-68　删除标题

此时我们可以很容易发现表的内容是成对出现的，列 1、列 2 是一组，列 3、列 4 是一组，以此类推。我们可以用 Table.ToColumns() 函数将删除标题后的表转换成列表，然后用 List.Split() 将列表两两拆分，如图 5-69 所示。

此时的 3 个列表中都保存着两个列表，而列表中的内容是姓名、年龄的组合。上一步如果较难理解，可以拆分成两个步骤，先转换成列表，再两两拆分。这时可以使用 Table.FromColumns() 函数，将列表中的每一个列表转换成表，如图 5-70 所示。

从转换结果中可以看到，列正确地组合在一起了，可是列名是默认的。Table.FromColumns() 函数的第二个参数可以直接提供列名，前面的步骤中的列名可以直接作为它的第二个参数，修改 M 代码为"=List.Transform(转换成列表 ,each Table.FromColumns(_,列名))"，如图 5-71 所示，从图中可知列已经被正确命名了。

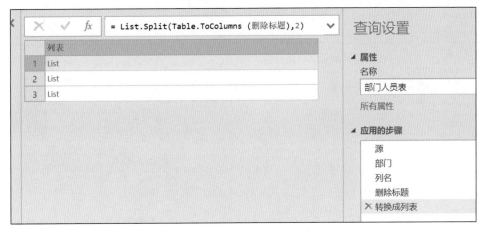

图 5-69　将表格转换成列表

图 5-70　将列表转换成表

图 5-71　重命名列

现在包含正确标题的数据表已经包含在列表中了，但是还缺少部门信息。部门信息存储在列表中，使用 Table.FromColumns() 函数将它们组合成表格即可。因为这只是中间步骤，所以可以不指定列名，如图 5-72 所示。

图 5-72　添加部门信息

最后单击 Column1 列右上方的▥，调整数据格式及列顺序，最终结果如图 5-73 所示。

	部门	名字	年龄
1	销售一部	张三	20
2	销售一部	李四	22
3	销售一部	王五	26
4	销售一部	何九	18
5	销售二部	甲	24
6	销售二部	乙	26
7	销售二部	丙	25
8	销售二部	丁	32
9	销售三部	A	18
10	销售三部	B	16
11	销售三部	C	28
12	销售三部	D	30

图 5-73　展开后的标准一维表

借助 M 函数，我们可以将日常数据处理工作中很多需要手动处理的工作自动化。要想熟练地掌握 M 函数，我们不仅需要 M 函数帮助信息，还需要结合实际案例，在实战中反复练习。

5.9　M 函数综合实战：批量合并指定位置数据

在之前学习的批量合并文件的案例中，数据都是非常规范的。数据表中没有多余的空行、空列，行和列在不同工作簿中的名称及位置都是一样的。在日常工作中，我们可能会遇到不规范的数据，这时候就需要在 Excel.WorkBook() 函数的基础上，结合更多 M 函数来实现数据合并。

5.9.1 Table.Skip() 函数实战应用

示例数据如图 5-74 所示，该数据为某公司系统导出的不同产品销售数据，文件是 Excel 格式的，现需要将标题下方的表格数据合并。但因为系统更新，导致不同月份导出来的数据表中标题上方存在不一样的备注信息。

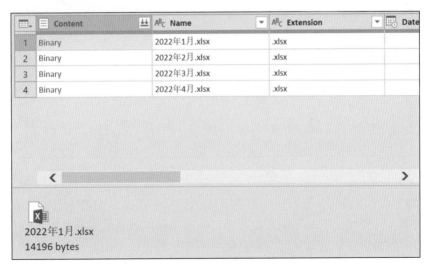

图 5-74　系统导出的不同产品销售数据

解决上述问题的思路如下。以客户编号列为锚点，确定备注信息行的行数，使每一个工作簿跳过客户编号列上方所有无用的备注信息行。

使用从文件夹功能，获取文件夹中所有文件信息，如图 5-75 所示。

	Content	Name	Extension	Date
1	Binary	2022年1月.xlsx	.xlsx	
2	Binary	2022年2月.xlsx	.xlsx	
3	Binary	2022年3月.xlsx	.xlsx	
4	Binary	2022年4月.xlsx	.xlsx	

2022年1月.xlsx
14196 bytes

图 5-75　从文件夹获取文件信息

新增自定义列，使用 Excel.Workbook() 函数解析 Content 列中的二进制文件。因为数据表中的第一行并不是标题，因此 Excel.Workbook() 函数的第二个参数不指定，如图 5-76 所示。

图 5-76　解析 Excel 文件

将自定义列展开，仅保留 Name 列及 Data 列，如图 5-77 所示。

Name	Data
1	2022年1月.xlsx	Table
2	2022年2月.xlsx	Table
3	2022年3月.xlsx	Table
4	2022年4月.xlsx	Table

Column1	Column2	Column3	Column4	Column5	Column6	Column7	Colum
月份: 2月	null	null	null	null	null	null	
系统下载	null	null	null	null	null	null	
null	null	null	null	null	null	null	
客户编号	坚果	毛巾	沐浴露	巧克力	收纳盒	水杯	糖
8001101	176	707	711	645	568	214	
8001102	707	709	543	54	251	906	
8001103	640	891	280	870	834	330	
8001105	950	209	546	164	52	848	

图 5-77　展开自定义列

从图 5-77 中可以看到，数据表中数据开始的行号不确定，如第一个表从第 3 行开始、第二个表从第 4 行开始，所以不能直接合并，需要先删除或者跳过前面的备注信息行。我们以客户编号列为锚点，也就是确定客户编号所在行就可以得出备注信息行的行数。添加自定义列，输入以下公式即可获得客户编号所在行，如图 5-78 所示。

```
= List.PositionOf([Data][Column1],"客户编号")
```

	ABC Name	ABC 123 Data	ABC 123 行数
1	2022年1月.xlsx	Table	2
2	2022年2月.xlsx	Table	3
3	2022年3月.xlsx	Table	4
4	2022年4月.xlsx	Table	2

Column1	Column2	Column3	Column4	Column5	Column6	Column7	Colun
年份：2022	null	null	null	null	null	null	
月份：3月	null	null	null	null	null	null	
系统下载	null	null	null	null	null	null	
null	null	null	null	null	null	null	
客户编号	坚果	毛巾	沐浴露	巧克力	收纳盒	水杯	糖
8001101	583	311	672	139	767	902	

图 5-78　定位客户编号所在行

接下来只需要跳过指定行数就可以了。新建自定义列数据表，输入以下公式：

```
= Table.Skip([Data],[行数])
```

此时数据表列中每一个工作簿中的表已经跳过了开头的备注信息行，直接提升标题以后，展开列即可获得合并后的数据。

Table.Skip() 函数的语法格式是：Table.Skip(table as table, optional countOrCondition as any) as table。该函数的第二个参数除了可以是代表行数的数字以外，还可以是判断条件。还可以结合 Table.TransformColumns() 函数的转换功能来实现跳过备注信息行。在公式栏中输入以下 M 代码（注意不是新建自定义列），就可以获取每一个表的数据区域：

```
= Table.TransformColumns(删除的其他列1,
        {"Data",
        each Table.PromoteHeaders(Table.Skip(_, (x) => x[Column1] <> "客户编号"))}
        )
```

与 Table.Skip() 函数功能相同的函数还有 Table.RemoveFirstN() 函数，读者可自行查阅 M 函数官方文章，研究如何用该函数替换本案例中的 Table.Skip() 函数，实现同样的效果。

5.9.2　Table.SelectColumns() 函数实战应用

假设我们有需要分公司 A 到 F 提交的费用报销单，将其发给分公司。分公司填好以后，再将其以 Excel 文件的格式发给我们汇总。我们需要将每个分公司的交通费、住宿费及物料费合并到同一个 Excel 表中进行分析，如图 5-79 所示。

这类合并数据的问题可以归纳为：提取多个数据表中指定位置的数据。本节中我们需要将各分公司对应工作簿中的 B14、C14、D14 单元格中的数据提取出来，它们分别是分公司的交通费、住宿费及物料费。

	A	B	C	D	E	F
1				集团费用报销单		
2	活动名称		项目		报销人	负责人
3		交通费	住宿费	物料费		
4	××活动					
5						
6						
7						
8						
9						
10						
11						
12						
13						
14	**合计**					

图 5-79 分公司待合并数据

使用从文件夹功能，将文件夹中的文件信息导入 Power Query 编辑器中，并新建自定义列，使用 Excel.Workbook() 函数解析数据中的二进制文件，如图 5-80 所示。

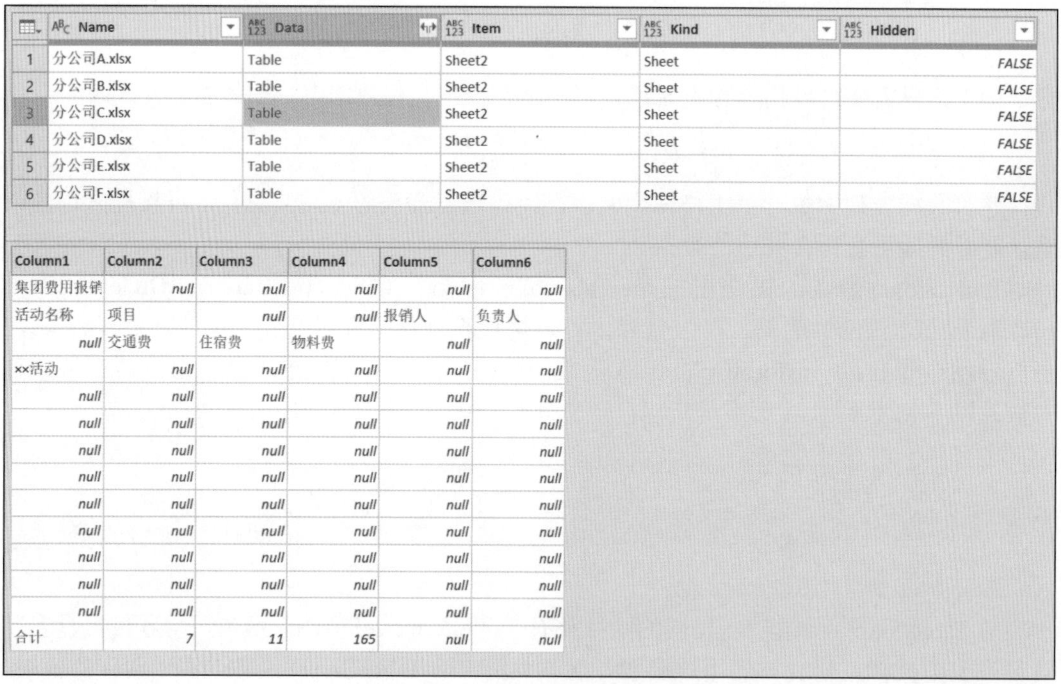

	Name	Data	Item	Kind	Hidden
1	分公司A.xlsx	Table	Sheet2	Sheet	FALSE
2	分公司B.xlsx	Table	Sheet2	Sheet	FALSE
3	分公司C.xlsx	Table	Sheet2	Sheet	FALSE
4	分公司D.xlsx	Table	Sheet2	Sheet	FALSE
5	分公司E.xlsx	Table	Sheet2	Sheet	FALSE
6	分公司F.xlsx	Table	Sheet2	Sheet	FALSE

Column1	Column2	Column3	Column4	Column5	Column6
集团费用报销	null	null	null	null	null
活动名称	项目	null	null	报销人	负责人
null	交通费	住宿费	物料费	null	null
××活动	null	null	null	null	null
null	null	null	null	null	null
null	null	null	null	null	null
null	null	null	null	null	null
null	null	null	null	null	null
null	null	null	null	null	null
null	null	null	null	null	null
null	null	null	null	null	null
null	null	null	null	null	null
合计	7	11	165	null	null

图 5-80 合并指定位置的文件

接下来我们要对 Data 列中的数据表进行批量处理。我们需要提取的数据在每一个表中的位置是一样的，因此可以使用获取指定列的 M 函数 Table.SelectColumns()。

下面看一下 Table.SelectColumns() 函数的语法格式：

```
Table.SelectColumns(table as table, columns as any, optional missingField as
nullable number) as table
```

该函数的第一个参数是表，也就是需要筛选的数据源表；第二个参数是列，这个参数可以是任意类型的，一般是由要返回的表中的列名组成的列表；第三个可选参数可以忽略。

该函数的语法格式也可以表示为 Table.SelectColumns(表 , 表中的列名组成的列表)，可以用列表同时指定多列。要获取第 14 行数据，通过行索引深化表格即可，获取表格第 14 行数据可以用 {13}（行索引从 0 开始计算）。

所以我们只需要添加自定义列，输入以下公式即可：

```
= Table.SelectColumns([Data],{"Column2","Column3","Column4"}){13}
```

获取的数据将以记录的形式，添加到表的末尾，如图 5-81 所示。

	ABC 123 Data	ABC Name	ABC 123 获取数据
1	Table	分公司A.xlsx	Record
2	Table	分公司B.xlsx	Record
3	Table	分公司C.xlsx	Record
4	Table	分公司D.xlsx	Record
5	Table	分公司E.xlsx	Record
6	Table	分公司F.xlsx	Record

Column2	7
Column3	11
Column4	165

图 5-81　获取的数据

单击获取数据列右上角的⬦即可获得记录中的数据。删除不需要的列，将列重命名并转换数据格式，便可以得到最终结果。

5.9.3　#table() 函数实战应用

在日常工作中，我们经常要将格式化表格中的数据汇总登记。比如，人力资源专员收集简历信息后统一登记台账，用于后续的招聘分析，如图 5-82 所示。格式化表格数据汇

应聘人员信息登记表							
姓　名	张三	性　别	男	出生年月	1990年8月	国籍	中国
年龄	33	民　族	汉	户口所在地	广东省东莞市		
学历	本科	专业	经济学	毕业院校	A大学	参加工作时间	2013年7月

姓名	年龄	学历	性别	民族	专业	出生年月	户口所在地	毕业院校	国籍	参加工作时间
张三	33	本科	男	汉	经济学	1990/8/1	广东省东莞市	A大学	中国	2013/7/1
乙	35	研究生	男	汉	会计学	1988/8/1	广东省珠海市	B大学	中国	2012/7/1
甲	23	本科	女	汉	经济学	2000/12/1	广东省深圳市	C大学	中国	2023/7/1
王五	33	研究生	男	汉	计算机	1990/9/1	广东省韶关市	D大学	中国	2013/7/1
何一	33	本科	男	汉	经济学	1990/9/1	广东省东莞市	E大学	中国	2013/7/1
李四	25	本科	男	汉	经济学	1998/8/1	广东省东莞市	F大学	中国	2020/7/1

图 5-82　简历信息汇总

总问题，相比之前的案例，更难归纳数据分布规则，通过普通的转换操作很难解决。此类不规则数据提取问题，需要深入底层，直接借助有用信息的位置进行提取。

参照之前的步骤，使用从文件夹功能，获取文件夹中所有文件信息，如图 5-83 所示。

	Content	Name	Extension
1	Binary	~$应聘人员信息登记台账.xlsx	.xlsx
2	Binary	应聘人员信息登记台账.xlsx	.xlsx
3	Binary	简历A.xlsx	.xlsx
4	Binary	简历B.xlsx	.xlsx
5	Binary	简历C.xlsx	.xlsx
6	Binary	简历D.xlsx	.xlsx
7	Binary	简历E.xlsx	.xlsx
8	Binary	简历F.xlsx	.xlsx

图 5-83　格式化表格汇总

因为我们新建的应聘人员信息登记台账文件也放在同一个文件夹中，所以上图中存在两条该文件的记录（以 ~$ 开头的文件是打开文件时产生的缓存文件）。我们可以通过文件名过滤掉它们。在 Name 列中筛选出开头为“简历”的所有 Excel 文件，如图 5-84 所示。

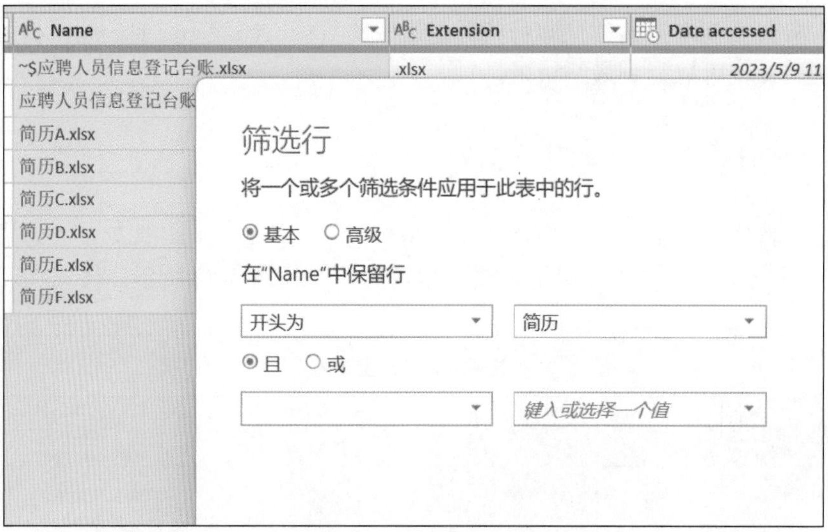

图 5-84　通过筛选过滤干扰文件

参照之前的步骤，新建自定义列，使用 Excel.Workbook() 函数解析数据中的二进制文件，仅保留 Data 列，如图 5-85 所示。

从图 5-85 可以看到，Power Query 默认将列名自动设置为“Column1”“Column2”等，Excel 中的合并单元格中的值被识别成了 null。因为每一个应聘人员信息登记台账的格式是一样的，所以简历信息填写的位置也保持不变。简历信息的位置对照表如图 5-86 所示。

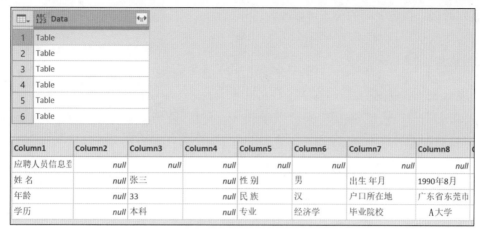

图 5-85　解析出的数据

接下来直接根据行索引和列名分别新建自定义列，就可以提取出相应的信息。比如，新建以下两个自定义列，可以提取姓名和年龄，如图 5-87 所示。

```
姓名 =[Data]{1}[Column3]
年龄 = [Data]{2}[Column3]
```

如果分别新建 11 个自定义列以获取对应信息，这个过程是重复而且繁杂的。我们可以直接使用构建表格的关键字 #table() 来一次性创建多个自定义列，如图 5-88 所示。

信息	行索引	列名
姓名	1	Column3
年龄	2	Column3
学历	3	Column3
性别	1	Column6
民族	2	Column6
专业	3	Column6
出生年月	1	Column8
户口所在地	2	Column8
毕业院校	3	Column8
国籍	1	Column11
参加工作时间	3	Column11

图 5-86　简历信息的位置对照表

图 5-87　新建自定义列提取信息

获取数据的部分代码虽然比较长，但是它们的规律性非常强。列名为"Column3"时，行索引从 1 到 3；列名为"Column6"时，行索引也是从 1 到 3。如果我们将简历信息的位置对照表也加载到 Power Query 中，那么 #table() 的第一个参数可以直接引用简历信息的位置对照表，自定义列的公式可以改为：

```
= #table(
对照表 [信息],
{{
[Data]{1}[Column3],[Data]{2}[Column3],[Data]{3}[Column3],
[Data]{1}[Column6],[Data]{2}[Column6],[Data]{3}[Column6],
[Data]{1}[Column8],[Data]{2}[Column8],[Data]{3}[Column8],
[Data]{1}[Column11],[Data]{3}[Column11]
}}
)
```

图 5-88　创建多个自定义列

将数据提取出来以后，直接单击 Data 列右上角的 ，或者使用 Table.Combine() 函数合并所有表格就可以获得所需数据明细，如图 5-89 所示。

	ABC 123 姓名	ABC 123 年龄	ABC 123 学历	ABC 123 性别
1	张三	33	本科	男
2	乙	35	研究生	男
3	甲	23	本科	女
4	王五	33	研究生	男
5	何一	33	本科	男
6	李四	25	本科	男

fx = Table.Combine(已添加自定义3[数据表])

图 5-89　成功提取的简历中的有用信息

5.10 M 函数综合实战：智能取数系统

本节中我们通过一个动态提取列并批量更改列名的实战案例加深读者对 M 函数的理解。在日常工作中，我们可能会遇到公司系统中导出的原始数据中列非常多，并且因为系统命名规则复杂，列名很长的情况，如图 5-90 所示。我们需要从其中取出某些指定的列，并且为其重新设置简单、直观的名字，如何快捷实现呢？

	D	E	F	G
1	客户资产-结算性存款日均余额-期末时点	客户资产-金融资产余额	客户资产-大额存单余额-期末时点	现金管理产品保有量(全币种|全客户|非私行产品)
2	120	109	100	114
3	114	102	119	110
4	113	107	117	119
5	109	100	110	104
6	113	120	106	100
7	112	108	103	115
8	106	105	112	114
9	114	110	120	111
10	117	103	112	113
11	114	102	103	118

图 5-90 从公司系统中导出的原始数据

借助 Power Query 功能及 M 函数可以在 Excel 中搭建一个简单的智能取数系统。

5.10.1 创建映射表

需要在 Excel 中创建一个数据源表列名与新列名互相对应的映射表。这个表是我们用来提取数据源表中指定列的工具。映射表第一列包含数据源表中的所有列名，直接复制并转置数据源表标题行即可。映射表第二列是需要选择的列，用来输入新列名，不需要提取的列留空即可，如图 5-91 所示。

	A	B
1	原始列	选择的列
2	编号	员工编号
3	客户资产-一般性存款余额-期末时点	存款余额
4	客户贷款-个人贷款余额	贷款余额
5	客户资产-结算性存款日均余额-期末时点	
6	客户资产-金融资产余额	金融资产余额
7	客户资产-非金融资产余额	
8	客户资产-基础存款余额-期末时点	基础存款余额
9	客户资产-大额存单余额-期末时点	
10	现金管理产品保有量(全币种|全客户|非私行产品)	

图 5-91 映射表

5.10.2 加载到 Power Query，筛选非空行

将创建好的映射表转换成智能表，并命名为"列名映射表"。选中数据表中任意单元

格，单击功能区中的"数据"→"来自表格 / 区域"，将映射表加载到 Power Query 中。在 Power Query 中，单击"选择的列"右侧的 ，取消勾选"(null)"，如图 5-92 所示。

当我们需要增加新的列时，只要在"选择的列"里输入我们想要的列名，然后刷新即可。通过 Excel 智能表与 Power Query 筛选功能就可实现动态获取列的功能，使数据模型产生交互效果。

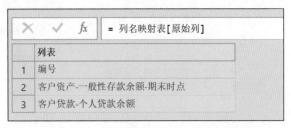

图 5-92　筛选非空行

5.10.3　选择列：Table.SelectColumns()

将数据源表也加载到 Power Query 编辑器中。在数据源表中，我们需要选出想要的列，然后将其重命名。选择列时我们可以使用 Power Query 的功能按钮，也可以用 M 函数 Table.SelectColumns()。当然我们还可以使用学过的"移花接木"法，通过界面操作获取相应的 M 函数，进一步修改参数。

如果我们在导入的数据源表的基础上手动使用选择列功能提取数据源表中的编号、客户资产 - 一般性存款余额 - 期末时点、客户贷款 - 个人贷款余额这 3 列，在公式栏中将产生以下 M 代码：

```
= Table.SelectColumns(更改的类型,{"编号", "客户资产-一般性存款余额-期末时点", "客户贷款-个人贷款余额"})
```

第一个参数"更改的类型"就是我们需要筛选的数据源表（Power Query 的每一个应用步骤都对应一个表），不需要修改。而第二个参数指定的列组成的列表是需要修改的。这里的第二个参数指定 3 个列名，如果我们需要实现动态变化，同时能与用户交互，那么就需要和列名映射表关联起来。在公式栏中输入"= 列名映射表 [原始列]"，如图 5-93 所示，返回的数据是列表，并且列表值就是我们需要提取的列。也就是说列名映射表 [原始列] 等价于 {" 编号 "," 客户资产 - 一般性存款余额 - 期末时点 "," 客户贷款 - 个人贷款余额 "}，它们可以互相替换。

	fx	= 列名映射表[原始列]
	列表	
1	编号	
2	客户资产-一般性存款余额-期末时点	
3	客户贷款-个人贷款余额	

图 5-93　返回列名映射表中原始列中的值列表

因此在公式栏中输入"= Table.SelectColumns(更改的类型 , 列名映射表 [原始列])"就可以实现从数据源表中提取指定列的功能，并且修改后的第二个参数可实现动态交互的效果，如图 5-94 所示。

= Table.SelectColumns(更改的类型,列名映射表[原始列])

	编号	客户资产-一般性存...	客户贷款-个人贷款...
1	11001	114	102
2	11002	107	106
3	11003	108	100
4	11004	101	100
5	11005	103	115
6	11006	111	111
7	11007	108	115
8	11008	110	109
9	11009	112	116
10	11010	101	105

图 5-94　使用 Table.SelectColumns() 函数提取指定列

5.10.4　重命名列：Table.RenameColumns()

Table.RenameColumns() 函数作用是重命名提取的指定列，让它们的列名更简单、易懂。重命名列的 M 函数是 Table.RenameColumns()。它的语法格式如下：

```
Table.RenameColumns(table as table, renames as list, optional missingField as nullable number) as table
```

其中，第一个参数是表，第二个参数由两个值（旧列名和新列名）组成，以列表的形式提供，第三个参数为可选参数，可忽略不输入。我们可以通过示例观察和掌握它的语法格式。双击列名，对列进行重命名。重命名两列得到以下 M 代码：

```
= Table.RenameColumns(删除的其他列,{{"编号", "员工编号"}, {"客户资产-一般性存款余额-期末时点", "存款余额"}})
```

这段 M 代码用于将表中的编号列重命名为“员工编号”；将客户资产 - 一般性存款余额 - 期末时点列重命名为“存款余额”。第二个参数 {{" 编号 "," 员工编号 "},{" 客户资产 - 一般性存款余额 - 期末时点 "," 存款余额 "}} 是一个列表，而这个列表是由列表组成的。里层列表由旧列名和新列名组成，比如 {" 编号 "," 员工编号 "}。外层列表由两组对应的新旧列名组成的列表组成。Table.RenameColumns() 函数所需的第二个参数刚好可以由列名映射表的第一列和第二列组成。这时需要将这两列以 { 旧列名 , 新列名 } 的形式组合起来。这就需要用到 List.Zip() 函数。

5.10.5　拉链函数：List.Zip()

在 5.10.4 节最后提出的操作其实是根据列名在列表中的位置，将新旧列名合并成新的列表，同一位置的项目合并。M 函数中的函数 List.Zip() 能实现这种操作。它接收列表作为参数，将列表中子列表相同位置的项目合并成新的列表。因为它的功能很像将两个拉链拉在一起，因此它又叫“拉链函数”。它的语法格式如下：

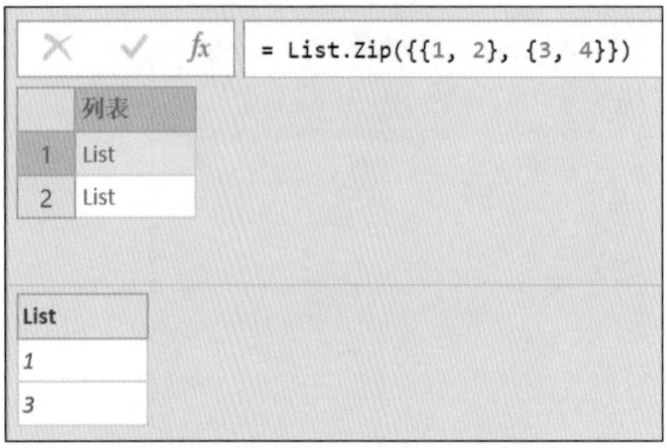

图 5-95　List.Zip() 函数的使用示例

```
List.Zip(lists as list) as list
```

举一个简单的例子，在公式栏中输入 "=List.Zip({{1,2},{3,4}})"，可以看到运算结果是一个由列表组成的列表 "{ {1, 3}, {2, 4}}"，如图 5-95 所示。

结合前面讲的表的一列数据就是一个列表，生成新旧列名对应列表的公式应该为：= List.Zip({ 列名映射表 [原始列]，列名映射表 [选择的列]})。将其输入公式栏中，其输出结果正是我们需要的新列名和旧列名的组合，并且输出的数据也是列表，如图 5-96 所示。

图 5-96　公式及其输出结果

输出结果符合 Table.RenameColumns() 函数第二个参数的数据类型要求。因此使用以上 M 代码替换 5.10.4 节中的第二个参数即可。最终代码如下：

```
= Table.RenameColumns(删除的其他列,List.Zip({列名映射表 [原始列]，列名映射表 [选择的列]}))
```

输出的结果正是我们需要的 3 列，同时列的名称也简化了，如图 5-97 所示。如果我们需要更多的列，在 Excel 的列名映射表的"选择的列"中补充数据后，刷新数据模型即可。

	1²3 员工编号 ▼	1²3 存款余额 ▼	1²3 贷款余额 ▼
1	11001	111	113
2	11002	111	113
3	11003	107	112
4	11004	117	106
5	11005	104	104
6	11006	118	116
7	11007	112	105
8	11008	107	120
9	11009	100	100
10	11010	106	100

图 5-97　最终提取数据结果

第6章 M 语言进阶

本章主要介绍 M 语言中的关键字、表达式、自定义函数等进阶内容。从 M 函数的学习中我们可以体会到 M 语言和其他计算机语言的不同，M 语言非常接近自然语言。虽然我们没有必要完全从零开始写 M 代码来解决数据处理问题，但是掌握了 M 语言进阶知识，在面对数据处理难题时将会更加游刃有余。

6.1 let … in … 语句

M 语言的代码块都以 "let" 开头，结束于 "in"。"let … in …" 可以理解为 "设……解得……"。在 M 语言中，每一个转换步骤都由变量名和它对应的 M 表达式组成，变量名就是步骤名本身，M 表达式一般是由 M 函数构成的语句。

单击 Power Query 编辑器功能区中的 "主页" → "高级编辑器"，可以打开专门用于编写 M 代码的 "高级编辑器" 窗口，如图 6-1 所示。

图 6-1 "高级编辑器" 窗口

M 语言的代码块可以分成以下 4 个部分。

（1）**查询开始**：由位于查询上方的关键字 let 开始，一般而言 let 关键字都是独立成行的。

（2）**查询结束**：由关键字 in 定义，一般位于整个代码块的倒数第二行。

（3）**查询定义**：let 和 in 中间的代码块都是查询的内容，它代表整个数据处理流程。

（4）**查询输出**：关键字 in 后面的内容，查询的最后一行；可以是任意步骤名，也可以是 M 表达式。

除了最后一步以外，每一个转换步骤都以"，"结尾，换行后开始下一个步骤。关键字 in 前面一句及后面一句 M 代码后都无须逗号。我们可以同时建立 4 个简单的查询，测试输出结果，如图 6-2 所示。

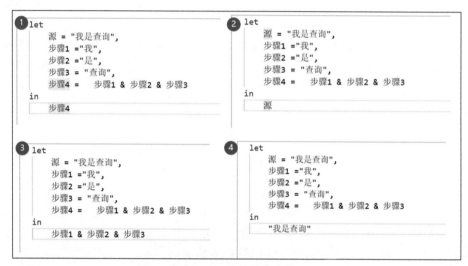

图 6-2　4 个简单的查询

4 个查询返回的结果都是"我是查询"。在之前的案例中，查询步骤之间都有很强的关联性，那是因为下一个查询将上一个查询结果作为输入内容。但是观察上面的查询会发现，其实它们之间可以是完全独立的。也就是说，我们导入数据时不一定要将每个表格单独导入成一个查询，完全可以使用 M 函数的一个查询导入多个表格。

另外，用 in 返回结果时，也不局限于最后一步，它可以返回任意步骤（见图 6-2 ①②），也可以返回 M 代码重新定义的结果（见图 6-2 ③），甚至可以返回与所有步骤都没有关系的一个常量（见图 6-2 ④）。

6.2　M 语言中的运算符

M 语言中的运算符与 Excel 中的相似，所以到目前为止，即使我们没有专门对其进行学习，也并不影响我们使用 M 语言。但在 M 语言中，运算符还可以对记录、列表、表格等结构化数据进行运算操作。

6.2.1　普通运算符

职场数据处理中常用到的算术运算符及比较运算符与 Excel 中的相同，如表 6-1 所示。M 语言对数据类型有严格的要求。算术运算符只能用于数值之间的四则运算，否则会报错。因此使用算术运算符之前要确保数据类型正确，可以使用 Number 类函数转换数据类型。比较运算符适用于数字、日期时间、布尔值等数据。

表6-1　M语言中的算术运算符及比较运算符

分类	运算符	含义
算术运算符	+	加
算术运算符	-	减
算术运算符	*	乘
算术运算符	/	除
比较运算符	>	大于
比较运算符	>=	大于或等于
比较运算符	<	小于
比较运算符	<=	小于或等于
比较运算符	<>	不等于
比较运算符	=	等于（赋值）

6.2.2　特殊运算符

"&" 作为 M 语言中的组合运算符，不仅能将两个文本连接，还能将列表、记录及表格进行组合。组合运算符的用法等如表 6-2 所示。

表6-2　组合运算符

组合运算符用法	对应M函数	用途
"A" & "BC"	Text.Combine()	文本连接："ABC"
{1} & {2, 3}	List.Combine()	列表组合：{1, 2, 3}
[a = 1] & [b = 2]	Record.Combine()	记录合并：[a = 1, b = 2]

逻辑运算在 M 语言中没有相应的运算符，只能通过关键字 and、or、not 来表示。它们的计算结果为布尔值，通常配合条件判断关键字 if 使用。

M 语言中还有几个比较特殊的运算符，它们分别是列表索引运算符花括号 "{}"（一般用于深化表行或者按位置返回列表中的项目）、记录查找运算符方括号 "[]"（一般用于深化表列或者按名称返回记录中的字段），以及用于生成连续递增序列的 ".."。

6.3　M 语言中的条件判断

条件判断是 M 语言中一个非常重要的概念，它给 M 语言带来了选择和判断的能力，可以根据给定的条件筛选不同的数据子集，也可以根据条件执行不同逻辑的计算。条件判断一般结合比较运算符使用，多条件判断还需要用到 and、or 或 not 关键字。

6.3.1 列筛选条件

前面讲过的文本筛选器、数字筛选器及日期筛选器都是在给定条件下进行筛选的。这是条件判断较简单的情形。在列筛选条件中，条件的表示形式为"[字段 = 值]"，这里的"="也可以是其他比较运算符。

下面是我们使用 Power Query 编辑器筛选产品表，并选择产品名称为"蓝牙音箱"时会产生的 M 代码，其中用到的 M 函数是 Table.SelectRows()。

```
= Table.SelectRows(产品表, each ([产品] = "蓝牙音箱"))
```

如果想要在产品表中删除产品名称为"蓝牙音箱"的记录，可使用的条件判断代码如下：

```
= Table.SelectRows(产品表, each  ([产品] <> "蓝牙音箱"))
= Table.SelectRows(产品表, each not ([产品] = "蓝牙音箱"))     //与上一行等价
```

在 Power Query 编辑器中，每一次对表的筛选都只能产生同一个筛选条件，要新增筛选条件就必须增加新的步骤，并且两个步骤之间的筛选条件是"且"的关系。仅通过功能区中的筛选按钮很难处理"或"关系的筛选，它只能在 M 表达式中用 or 来实现。我们可以使用 and 和 or 组合出多种不同的筛选条件以满足不同场景的筛选要求。and 和 or 的示例如下。

```
= Table.SelectRows(产品表, each [产品] = "蓝牙音箱"  or  [数量] > 100 )
//筛选产品表中，产品名称为"蓝牙音箱"或者数量大于100的记录
= Table.SelectRows(产品表, each [产品] = "蓝牙音箱"  and  [区域]="华南" or  [数量] > 100 )
//筛选产品表中，产品名称为"蓝牙音箱"且区域为华南，或者数量大于100的记录
= Table.SelectRows(产品表, each [产品] = "蓝牙音箱"  and ( [区域]="华南" or  [数量] > 100 ))
//筛选产品表中，产品名称为"蓝牙音箱"，区域为华南或者数量大于100的记录
```

更复杂的条件判断可以用 Power Query 编辑器中的添加条件列功能实现。它背后的逻辑其实也是 if 条件表达式。当我们能熟练使用 M 语言后，也可以通过自定义列功能来自定义判断条件。

6.3.2 if... then... 语句

不同于 Excel 中的 IF() 函数，M 语言中的 if 条件判断更像是编程语言的模式。在 if...then... 语句中，如果条件表达式结果为 TRUE，则返回 then 后面表达式的结果，否则返回 else 后面表达式的结果。在 Excel 中进行复杂的多条件判断需要用到函数嵌套，在 M 语言中，可以用 else if 增加判断条件。if... then... 语句的语法格式如下。

```
if 条件表达式 then 条件表达式为TRUE时返回的结果  else 条件表达式为FALSE时返回的结果
```

进行多条件判断需要使用 else if 语句，可以通过换行让代码更清晰可读，如下所示。

```
if 条件1 then
A
else if  条件2 then
B
```

```
else
C
```

在 if 条件判断中每次换行都不需要逗号或者其他符号。可以在条件表达式中使用圆括号来规定条件表达式的优先级。条件表达式一定返回 TRUE/FALSE，否则会报错。在 let 后的表达式中，需要用等号 "=" 指定步骤名。

```
let
    奇数判断 = if Number.IsOdd(5) then "奇数" else "偶数"
in
    奇数判断
```

if...then... 语句可以嵌套在 Table.TransformColumns() 函数中对列进行条件转换。假设我们需要将销售表中大于 100 的单价都乘 0.98，可以直接在公式栏中修改 M 表达式，修改后的 M 表达式如下。

```
= Table.TransformColumns(销售表, {{"单价", each if _ >100 then _*0.98 else _ , type
number}})
```

6.3.3 try... otherwise... 语句

在 M 语言中，当计算表达式的过程无法进行时，会返回 Error。返回 Error 可能是因为运算符和函数遇到错误条件，或者使用了错误的表达式。在 Excel 中我们可以用 IFERROR() 函数对可能出现的计算错误进行屏蔽。在 M 语言中同样有用于屏蔽错误的语句，那就是 try... otherwise... 语句。它的作用是当表达式出现错误时，可以返回指定值，而不是直接报错。

```
try 表达式1 otherwise 返回替换错误的值或者执行表达式2
```

它的执行逻辑是：首先执行表达式1，如果表达式1在执行过程中发生错误，则返回替换错误的值或者执行表达式 2；表达式 1 执行过程中未发生错误，则直接跳过 otherwise 后面的语句。

在下面的示例中，首先生成了一个包含数字及字母的列表，然后尝试使用 List.Transform() 函数来将数字乘 2。但是由于字母（a、b、c）无法运算，所以会产生错误。此时返回文本无法计算。

```
let
  Source = {1..3,"a".."c"},
  Result = List.Transform(Source,each try _ * 2  otherwise  "文本无法计算" )
in
  Result
```

上面的示例遇到错误返回的是指定文本，也可以在 otherwise 中指定其他表达式。比如，字母无法计算但是可以改变大小写，因此我们可以设置当遇到错误时将字母变成大写，代码如下。

```
let
  Source = {1..3,"a".."c"},
  Result = List.Transform(Source,each try _ * 2  otherwise  Text.Upper(_) )
in
  Result
```

6.4　M 语言中的自定义函数

熟练掌握 M 语言中的自定义函数是 Power Query 学习进程中一个非常重要的里程碑。在 M 语言中自定义函数也并不意味着一定要手写所有 M 代码，我们可以基于现有的查询创建自定义函数，重点是找出可用参数替代部分。选择任意查询，单击鼠标右键，在弹出的菜单中能看到"创建函数"命令，如图 6-3 所示。

当然要解锁自定义函数的全部功能，就不能单靠图 6-3 所示的菜单。

图 6-3　创建自定义函数

6.4.1　自定义函数：（）=>

自定义函数的基本语法格式是：函数名称 =(参数 1, 参数 2, 参数 3...)=> 表达式。如果只需要创建函数，可以省略函数名称，Power Query 默认以查询名称为函数名称。以下是两个简单的函数示例。

```
(x as number )=>x+1 //指定数值+1
( 初始 as number, 结束 as number) => {初始..结束}   // 生成从初始到结束的连续序列
```

以上函数未指定函数名称，查询的名称默认为函数名称。在圆括号 () 里面指定参数，参数至少有一个，多个参数用逗号分隔。as 用于限定参数数据类型，as number 可以不写，则输入的参数可以为任意类型的。"=>"是固定组合，可以理解为带参数赋值。

将以上代码分别复制到高级编辑器中，将返回类型为函数的查询，如图 6-4 所示。

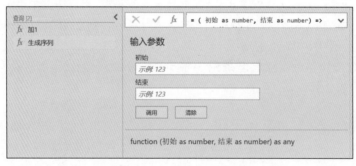

图 6-4　自定义函数

如果自定义函数包含多个步骤，在函数内部需要用到 let 和 in 分别定义步骤及返回结果。以下函数包含两个步骤，用 let 表达式定义计算过程，用 in 返回最终计算结果。

```
(x)=>
let
  步骤1 = x+1,
  步骤2= 步骤1+1
in
  步骤2
```

　　自定义函数调用方式与内嵌 M 函数调用方式一致，可以在函数中输入参数直接调用，生成结果将保存在新的查询中。在图 6-4 的"初始"文本框中输入数字"1"，在"结束"文本框中输入数字"10"，单击"调用"就生成了 1 到 10 的连续数字列表。

　　自定义函数还可以在其他查询中调用。将刚刚生成的列表转换成表，然后单击"添加列"→"调用自定义函数"，调用自定义函数，如图 6-5 所示。

图 6-5　调用自定义函数

　　也可以在新建自定义列中通过函数名称调用自定义函数。新建自定义列，调用自定义函数"加 2"，让全部数字加 2，如图 6-6 所示。

图 6-6　新建自定义列

　　M 函数可以直接作为其他 M 函数的参数。当函数的参数只有一个时更方便，直接将函数名称作为参数传递就可以了。无须参数时，甚至圆括号也可以省略。自定义函数同样可以。假设我们需要将销售数据表中大于 100 的产品价格都乘 0.98，可以在查询中定义和调用自定义函数实现，代码如下。

```
let
    折扣= (Price)=>
      if Price > 100 then Price *0.98
```

```
      else Price,
   //  定义名为折扣的函数
   源 = Excel.CurrentWorkbook(){[Name="销售数据"]}[Content],
   折扣价格 = Table.TransformColumns(源,{{"价格", 折扣}})  // 直接使用函数名称调用函数
in
   折扣价格
```

6.4.2 "即插即用"的匿名函数

如果自定义函数仅仅需要用一次，那么可以定义成匿名函数，直接把函数的定义过程嵌套在其他函数的参数里面，不需要起函数名称。M 函数中的匿名函数是一种特殊类型的自定义函数。它没有名字，通常用于函数调用时直接传递给另一个函数使用，也就是"即插即用"。它同样是由"()=>"表示的，符号左侧是参数列表，右侧是函数的计算逻辑。

下面看一个简单的示例，从一份名单中将年龄大于 30 岁的人员选出来。可以使用匿名函数"(x) => x[年龄] > 30"，当然这个匿名函数需要嵌套在 Table.SelectRows() 函数中，如图 6-7 所示。

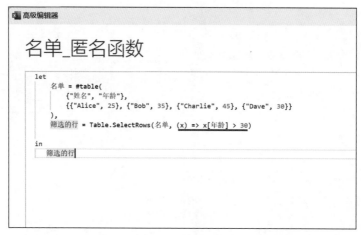

图 6-7 匿名函数

对于匿名函数，较重要的就是理解我们定义的参数（上面示例中是 x）。这里的参数 x 是我们自定义的，除了 x 以外我们还可以用字母 y 或者字母 r，当然中文也可以，只要不是 M 语言的关键字或者已经定义的对象名称。以下的 M 表达式等价。

```
筛选的行 = Table.SelectRows(名单, (x) => x[年龄] > 30)
筛选的行 = Table.SelectRows(名单, (y) => y[年龄] > 30)
筛选的行 = Table.SelectRows(名单, (r) => r[年龄] > 30)
筛选的行 = Table.SelectRows(名单, (表) => 表[年龄] > 30)
筛选的行 = Table.SelectRows(名单, (x) => Record.Field(x,"年龄") > 30)   //证明x是
表的一行记录
```

匿名函数中的 x 代表了名单表的每一行（表的一行是一条记录），而 x[年龄] 就是名单表的年龄列的值，也就是从记录中深化出字段的值，相当于 Record.Field(x," 年龄 ")。对

参数 x 进行操作时需要提前了解它的数据结构。

我们在讲解自定义函数时，单独定义了"折扣"函数，然后在 Table.TransformColumns() 函数中调用。我们也可以在 Table.TransformColumns() 函数的参数中直接定义匿名函数，如下所示。

```
let
    源 = Excel.CurrentWorkbook(){[Name="销售数据"]}[Content],
    折扣价格 = Table.TransformColumns(源,{{"价格", (x)=>if x >100 then x*0.98 else x }})
    //  直接定义匿名函数，仅使用一次
in
    折扣价格
```

Table.TransformColumns() 函数的作用是对指定列（价格列）中的每一个单元格进行转换，所以这里的参数 x 指代的是价格列中的每一个单元格。此时的 x 是一个值，所以就不存在行索引或者列名了。对于表而言，(x) => 代表的是每一行，比如前面的 Table.SelectRows(名单,(x)=>x[年龄]>30)。那么在 Table.TransformColumns(源,{{"价格",(x)=>if x>100 then x*0.98 else x }}) 中，(x)=> 为什么能直接代表单元格的值呢？Table.TransformColumns() 函数与 Table.SelectRows() 函数相比，多指定了列名"价格"，也就是它在参数中就将行（记录）指定到了具体的列，行列交叉就可得到单元格的值。

我们再看一个使用匿名函数累计求和的示例。对一列数字进行累计求和，也就是新建列计算从第一行到当前行的累计求和数，新建自定义列累计求和，如图 6-8 所示。(x) => x[数字]<=_[数字]，就是匿名函数。这里的 (x) 指代的是源表的每一行，在源表中筛选出数字小于或等于当前行的所有行，然后通过嵌套的函数分步求和。

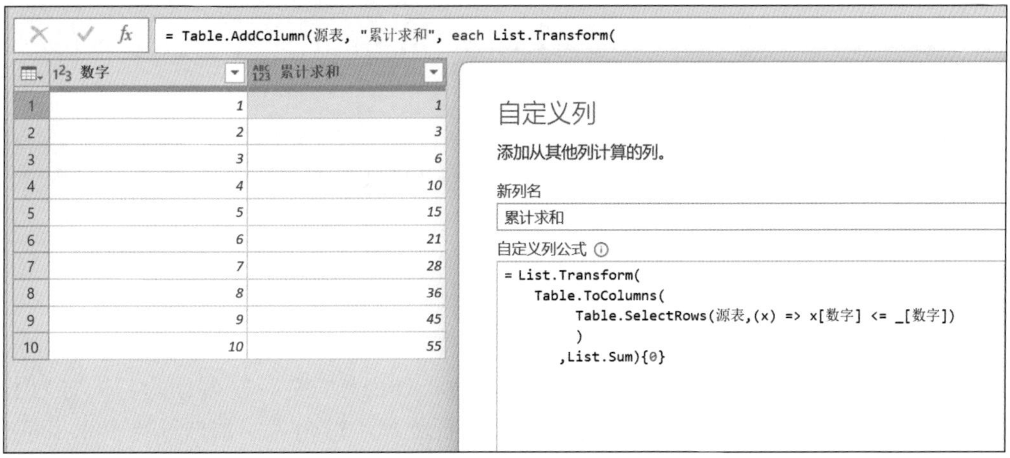

图 6-8　新建自定义列

6.5　M 语言的"语法糖"：each 和 _

很多初学者对 each 和 _ 的用法都会感到困惑，它们虽然出现得很频繁，但是不容易理解。造成这个问题的原因之一是大多数人接触它们时，还没了解过自定义函数。当我们学习了自定义函数的语法 () => 后，学习 each 和 _ 就会变得简单。它们其实就是自定义函数的语法糖，它们是固定组合，目的是让 M 语言友好并且更接近自然语言。

我们以自定义函数加 2 为例，(x)=>x+2，这里的 x 只是用户自主选择的一个字母，它还可以是其他任意字符，包括下画线 _。所以自定义函数加 2 也可以写成 (_)=>_+2，下画线和其他字母在充当参数时的写法、功能是一样的，但它多了一层特殊性。因此 Power Query 团队选择了它进行简化，并将写法固定下来成了语法格式。它的简化写法是：each _ +2。

```
(x) => x+2       // 普通自定义函数
(r)=> r + 2      // 可以选择任意字符，如字母、中文及其他字符。不能是M语言的关键字或已经定义
                    的对象名称
(_)=> _ + 2      // 下画线具有特殊性，很少会与用户自主选择的字符重复，适合固化下来
each _ + 2       //自定义函数的作用就是对每一个（ each）元素进行相应的处理
```

如果参数是表、记录等可进一步深化的结构化数据，以上语句还可以进行简化。比如，在筛选表列时用到的 M 表达式就是标准格式，_ 也可以省略。

```
筛选的行 = Table.SelectRows(名单, each [年龄] > 30)
// 最简单的写法，贴近自然语言。使用列筛选器时自动生成的标准格式
筛选的行 = Table.SelectRows(名单, each _[年龄] > 30)
//最安全的写法，也很容易理解。在不同语境引用同一列时建议使用这个格式
筛选的行 = Table.SelectRows(名单, (x) => x[年龄] > 30)
筛选的行 = Table.SelectRows(名单, (x) => Record.Field(x,"年龄") > 30)
//以上两个都是使用自定义函数的完整格式，是each 的原始格式
```

6.6　自定义函数综合实战：批量合并不规范文件

我们可以将现有查询中的数据处理流程转换成自定义的 M 函数，以达到多次复用及自动化的效果。将查询转换成自定义函数的过程可以形象地理解为"打包"数据处理步骤。合并不规范文件时，需要对每一个文件都执行一些固定操作，比如提升标题、删除空行和空列、替换值等，这些清洗流程都可以封装成可重复使用的函数，方便后续调用。

示例数据一共有 4 个月的销售数据，现在需要将它们合并进行汇总分析。

观察 1 月数据，如图 6-9 所示。第 1、2 行是空行，加载到 Power Query 后将会显示成 null，因此需要删除前两行。另外，由于系统原因，D 列是空列，需要删除。同时为了更好地分析各产品情况，我们需要将数据进行逆透视处理。每个月的数据都符合以上特点，都需要删除前两行、删除 D 列、进行逆透视处理。

既然数据处理步骤都是标准化的，那么在 Power Query 中就可以通过自定义函数实现自动化，具体操作如下。

（1）选择一个月的数据作为查询样本进行处理，这里我们选择 1 月的数据作为样本。以"从 Excel 工作簿"的形式导入 1 月的销售数据，如图 6-10 所示。

（2）对 1 月的数据进行清洗，删除前两行、删除第 4 列、提升标题，逆透视客户编号

以外的其他列。以上步骤操作完，1 月的数据存在的问题都处理完了，得到的数据就是我们可以用来进一步分析的数据，如图 6-11 所示。

	A	B	C	D	E	F	G
1	月份：1月 ❶				❷		
2							
3	客户编号	坚果	毛巾		沐浴露	巧克力	收纳盒
4	8001101	667	117		810	387	836
5	8001102	704	249		498	324	548
6	8001103	562	681		862	270	993
7	8001105	216	356		711	216	205
8	8001106	102	373		138	169	332
9	8001107	602	393		378	147	275
10	8001108	264	934		291	514	737
11	8001111	150	52		287	366	360
12	8001112	301	200		234	378	883
13	8001113	216	271		912	801	677
14	8001114	758	546		793	324	442
15	8001115	254	698		525	378	159
16	8001116	167	503		196	344	130
17	8001118	327	78		367	888	161

图 6-9 1 月待合并销售数据

	ABC 123 Column1 ▼	ABC 123 Column2 ▼	ABC 123 Column3 ▼	ABC 123
1	月份：1月	null	null	null
2	null	null	null	null
3	客户编号	坚果	毛巾	
4	8001101	667	117	
5	8001102	704	249	
6	8001103	562	681	
7	8001105	216	356	
8	8001106	102	373	
9	8001107	602	393	
10	8001108	264	934	
11	8001111	150	52	
12	8001112		200	

图 6-10 单独导入 1 月销售数据

▲ 应用的步骤

源	⚙
导航	⚙
删除前两行	⚙
删除第四列	
提升标题行	⚙
✕ 逆透视其他列	

	ABC 123 客户编号 ▼	ABC 属性 ▼	ABC 123 值 ▼
1	8001101	坚果	667
2	8001101	毛巾	117
3	8001101	沐浴露	810
4	8001101	巧克力	387
5	8001101	收纳盒	836
6	8001101	水杯	251
7	8001101	糖果	175
8	8001101	洗洁精	814
9	8001101	洗衣液	933
10	8001102	坚果	704
11	8001102	毛巾	249
12	8001102	沐浴露	498
13	8001102	巧克力	324
14	8001102	收纳盒	548
15	8001102	水杯	132

图 6-11 应用的步骤和数据清洗后的效果

（3）对 1 月数据执行的所有数据处理步骤都需要应用在各月的数据中。所以我们封装的 M 函数就以 1 月数据处理流程为基础。打开"高级编辑器",按照自定义函数的语法要求修改查询。首先在 let 语句上方输入定义参数的语句:(filepath)=>。找出查询中的文件路径,将其替代为参数 filepath,如图 6-12 所示。

图 6-12　将查询修改为自定义函数

（4）单击"完成"以后,可以看到 1 月数据处理流程已经被转变成了函数,修改函数名称为"转换函数",如图 6-13 所示。在输入参数中输入数据所在文件路径,就可以调用之前的处理流程对数据进行一系列的转换了。

图 6-13　自定义函数

（5）获取所有文件的文件路径。批量获取文件路径信息可以通过从文件夹功能实现,文件信息列表的众多列中就有文件路径,如图 6-14 所示。

Content	Name	Folder Path	Extension
Binary	2021年1月.xlsx	D:\示例数据\	.xlsx
Binary	2021年2月.xlsx	D:\示例数据\	.xlsx
Binary	2021年3月.xlsx	D:\示例数据\	.xlsx
Binary	2021年4月.xlsx	D:\示例数据\	.xlsx

图 6-14 从文件夹获取文件路径

（6）仅保留 Name 列和 Folder Path 列，新建自定义列调用自定义函数，输入以下自定义列公式：= 转换函数 ([Folder Path]&[Name])。单击"确定"以后，可以看到在自定义列中，各月的数据已经按要求转换成功，所有表格都从二维表变成了一维表，如图 6-15 所示。

Name	Folder Path	自定义
2021年1月.xlsx	D:\示例数据\	Table
2021年2月.xlsx	D:\示例数据\	Table
2021年3月.xlsx	D:\示例数据\	Table
2021年4月.xlsx	D:\示例数据\	Table

客户编号	属性	值
8001101	坚果	583
8001101	毛巾	311
8001101	沐浴露	672
8001101	巧克力	139
8001101	收纳盒	767
8001101	水杯	902
8001101	糖果	146
8001101	洗洁精	63

图 6-15 成功实现批量转换

（7）使用 Table.Combine() 函数合并自定义列中的表，如图 6-16 所示。

`= Table.Combine (已添加自定义[自定义])`

客户编号	属性	值
8001101	坚果	667
8001101	毛巾	117
8001101	沐浴露	810
8001101	巧克力	387
8001101	收纳盒	836
8001101	水杯	251
8001101	糖果	175
8001101	洗洁精	814
8001101	洗衣液	933
8001102	坚果	704
8001102	毛巾	249
8001102	沐浴露	498
8001102	巧克力	324
8001102	收纳盒	548

图 6-16 合并转换后的表格

基于现有查询定义自定义函数的关键是找到可以用参数替代的部分。我们可以在查询的任意阶段定义参数，这取决于我们想要封装的具体步骤包含哪些部分。自定义函数的参数可以有多个。在查询中重复出现的操作对象，我们都可以将其设置为参数。

6.7　自定义函数综合实战：表格降维技巧

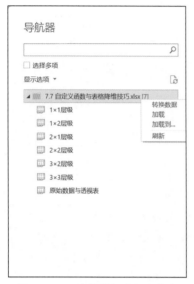

图 6-17　一次性导入全部工作表

二维表转一维表在 Power Query 中是非常常用的操作。我们之前遇到的案例大多是较简单的行和列标题都只有一个层级（1×1）的情形。实际工作中，我们还会遇到行和列有多个层级的情形，这种多层标题嵌套的表格叫作 $N×M$ 层级结构化表格。我们可以将 $N×M$ 层级结构化表格转换过程自定义成 M 函数，以后遇到嵌套的表格时就可以直接套用。

首先新建工作簿，通过从 Excel 工作簿的方式将示例数据加载到 Excel 中。从 Excel 工作簿导入数据时，在"导航器"窗口中直接选中文件夹，单击鼠标右键，选择"转换数据"，就可以直接将所有工作表导入 Power Query 中，如图 6-17 所示。

将导入的查询命名为"原始数据"，通过引用原始数据（选择原始数据，单击鼠标右键，选择"引用"），并深化不同层级数据（单击不同层级表格对应的"Table"字样）的方式，将各工作表添加为新的查询，如图 6-18 所示。

	ABC Name	▦ Data	⇄ ABC Item
1	原始数据与透视表	Table	原始数据与透视表
2	1×1层级	Table	1×1层级
3	1×2层级	Table	1×2层级
4	2×1层级	Table	2×1层级
5	2×2层级	Table	2×2层级
6	3×2层级	Table	3×2层级
7	3×3层级	Table	3×3层级
8	_xlnm._FilterDatabase	Table	原始数据与透视表!

图 6-18　引用查询

也可以直接在原始数据中的"Table"字样上单击鼠标右键，选择"作为新查询添加"，如图 6-19 所示。新添加的查询全部按层级命名。

图 6-19 作为新查询添加

6.7.1 2×1 层级结构化表格

2×1 层级结构化表格是指在行标题上有两个层级的分析维度，列标题上只有一个层级的结构化表，如图 6-20 所示。行上的分析维度为年和季度，列上的分析维度只有产品种类，也就是 { 年 , 季度 } × { 产品 }。

1. 向下填充

Excel 中的合并单元格的值加载到 Power Query 以后会显示成 null，可以用向下填充功能将单元格中的值向下复制。单击"2×1 层级"查询，选中 Column1 列，选择"转换"→"填充"→"向下"，如图 6-21 所示。

年	季度	办公用品	电子设备	家具
2019年	一季度	3,804	1,968	2,136
	二季度	5,628	3,180	2,772
	三季度	6,108	3,096	3,096
	四季度	7,356	4,188	4,536
2020年	一季度	4,440	2,376	2,448
	二季度	7,428	4,008	3,936
	三季度	7,992	3,672	4,080
	四季度	9,564	5,496	4,452
2021年	一季度	4,248	2,328	2,412
	二季度	9,696	4,560	4,596
	三季度	9,480	5,448	5,028
	四季度	11,928	7,884	5,388
2022年	一季度	7,344	4,200	4,380
	二季度	12,648	6,888	6,888
	三季度	12,264	6,228	4,980
	四季度	13,740	7,608	6,936

图 6-20 2×1 层级结构化表格

图 6-21 向下填充 Column1 列

2. 提升标题

向下填充后的数据结构就和一个层级（1×1）的情形类似了，此时列名还在第一行中，因此需要将它们提升为标题（如果 Power Query 已经自动提升了标题可以跳过这一步）。选择"转换"→"将第一行作为标题"。

3. 逆透视其他列

可以选中年列和季度列，单击鼠标右键，选择"逆透视其他列"，如图 6-22 所示。

图 6-22　逆透视其他列

将相应的列进行重命名、检测数据类型，就可以得到规范的一维表，如图 6-23 所示。

	年	季度	产品	销量
1	2019年	一季度	办公用品	3804
2	2019年	一季度	电子设备	1968
3	2019年	一季度	家具	2136
4	2019年	二季度	办公用品	5628
5	2019年	二季度	电子设备	3180
6	2019年	二季度	家具	2772
7	2019年	三季度	办公用品	6108
8	2019年	三季度	电子设备	3096
9	2019年	三季度	家具	3096
10	2019年	四季度	办公用品	7356
11	2019年	四季度	电子设备	4188
12	2019年	四季度	家具	4536
13	2020年	一季度	办公用品	4440
14	2020年	一季度	电子设备	2376
15	2020年	一季度	家具	2448
16	2020年	二季度	办公用品	7428
17	2020年	二季度	电子设备	4008
18	2020年	二季度	家具	3936
19	2020年	三季度	办公用品	7992
20	2020年	三季度	电子设备	3672
21	2020年	三季度	家具	4080
22	2020年	四季度	办公用品	9564
23	2020年	四季度	电子设备	5496
24	2020年	四季度	家具	4452

图 6-23　转换后规范的一维表

6.7.2　1×2 层级结构化表格

1×2 层级结构化表格是指在行标题上只有一个层级的分析维度，列标题上有两个层级的结构化表，如图 6-24 所示。行上的分析维度为年，列上的分析维度为产品种类、产品名称，也就是 { 年 } × { 产品种类，产品名称 }。

年\产品	办公用品			电子设备		家具	
年份	便签纸	打印纸	装订机	电话机	复印机	书柜	椅子
2019年	3528	3060	1980	3324	3300	2016	3984
2020年	3600	4236	2436	3744	3876	2364	4488
2021年	4968	5340	2736	4992	5940	2928	4884
2022年	6636	6732	3672	6324	5964	3984	6984

图 6-24　1×2 层级结构化表格

这种情形与 2×1 层级结构化表格的恰好相反，因为 Power Query 没有向右填充功能，所以处理产品种类的合并单元格时需要多一个将数据表转置的操作。转置之前需要确保标题内容在表的第一行中，否则转置后产品种类信息会丢失，如图 6-25 所示。如果 Power Query 自动应用了提升标题和更改数据类型，需要删除步骤或者选择"将标题作为第一行"。

	Column1	Column2	Column3
1	年\产品	办公用品	*null*
2	年份	便签纸	打印纸
3	2019年	3528	3060
4	2020年	3600	4236
5	2021年	4968	5340
6	2022年	6636	6732

图 6-25　表标题在第一行

单击"转换"→"转置"，转置当前的表，将表的行作为列、列作为行，这和 Excel 中的转置功能一样。转置后的表格如图 6-26 所示。

	Column1	Column2	Column3
1	年\产品	年份	2019
2	办公用品	便签纸	3528
3	*null*	打印纸	3060
4	*null*	装订机	1980
5	电子设备	电话机	3324
6	*null*	复印机	3300
7	家具	书柜	2016
8	*null*	椅子	3984

图 6-26　转置后的表格

认真观察，转置后的表格是一个标准的 2×1 层级结构化表格，这里行上的两个维度是产品种类、产品名称，而列上的维度是年。因此接下来的处理步骤和 2×1 层级结构化表格的是一样的。首先提升标题，然后产品种类向下填充，最后选中产品种类列及产品名称列逆透视其他列即可。

6.7.3 2×2 层级结构化表格

2×2 层级结构化表格会更复杂，行和列标题上都有两个层级，如图 6-27 所示为部分数据。行上的分析维度为年、季度，列上的分析维度为产品种类、产品名称，即 { 年 , 季度 }×{ 产品种类 , 产品名称 }。

年	季度	电子设备			
		打印机	电话机	复印机	移动硬盘
2019年	一季度	215	245	170	185
	二季度	365	340	360	255
	三季度	325	370	250	375
	四季度	375	440	595	335
2020年	一季度	275	210	285	200
	二季度	475	460	305	450
	三季度	400	405	325	335
	四季度	565	485	675	585

图 6-27 2×2 层级结构化表格

通过前面两个示例的学习，我们已经可以总结出一些规律。标题中的合并单元格的值，在 Power Query 中会显示成 null，向下填充可以补充缺失部分。将列标题的合并单元格转置以后进行填充。处理 2×2 层级结构化表格的区别是行上也有两层标题，填充后直接提升标题，行上的标题将无法被正确识别，如图 6-28 所示。所以完成填充后，需要先将行标题合并成同一列后再转置。

	ABC 123 Column1	▼	ABC 123 Column2	▼	ABC 123 Column3	▼
1		null	年		2019年	
2		null	季度		一季度	
3	电子设备		打印机			215
4	电子设备		电话机			245
5	电子设备		复印机			170
6	电子设备		移动硬盘			185
7	家具		沙发			275
8	家具		书柜			105
9	家具		椅子			255

图 6-28 直接提升标题，行标题无法被正确识别

主要处理步骤如下。

（1）向下填充 Column1 列（年所在列）。

（2）单击"转换"→"合并列"，将 Column1 列（年所在列）与 Column2 列（季度所在列）通过分隔符"|"合并，如图 6-29 所示。

图 6-29　合并年及季度所在列

（3）此时结构化表格还原为 1×2 层级。转置表格的处理步骤和之前的相同。

（4）向下填充 Column1 列（产品种类所在列），如图 6-30 所示。

	ABC 123 Column1	ABC 123 Column2	ABC 123 Column3	AB 12
1	|	年|季度	2019年|一季度	20
2	电子设备	打印机	215	
3	电子设备	电话机	245	
4	电子设备	复印机	170	
5	电子设备	移动硬盘	185	
6	家具	沙发	275	
7	家具	书柜	105	
8	家具	椅子	255	
9	家具	桌子	250	
10	办公用品	笔记本	185	
11	办公用品	便签纸	200	
12	办公用品	打印纸	210	
13	办公用品	剪刀	240	
14	办公用品	收纳盒	145	
15	办公用品	橡皮筋	235	
16	办公用品	信封	215	
17	办公用品	装订机	115	

图 6-30　转置后向下填充

（5）将第一行用作标题，把行标题通过分隔符合并，就可以统一处理两列了。

（6）选中前两列，逆透视其他列，如图 6-31 所示。

图 6-31　逆透视其他列

（7）按分隔符"|"拆分包含年和季度信息的属性列，如图 6-32 所示。

图 6-32　按分隔符拆分列

（8）将列重命名，转换数据类型就可得到最终的结果，如图 6-33 所示。

	产品种类	产品名称	年	季度	销售额
1	电子设备	打印机	2019/1/1	一季度	215
2	电子设备	打印机	2019/1/1	二季度	365
3	电子设备	打印机	2019/1/1	三季度	325
4	电子设备	打印机	2019/1/1	四季度	375
5	电子设备	打印机	2020/1/1	一季度	275
6	电子设备	打印机	2020/1/1	二季度	475
7	电子设备	打印机	2020/1/1	三季度	400
8	电子设备	打印机	2020/1/1	四季度	565
9	电子设备	打印机	2021/1/1	一季度	300
10	电子设备	打印机	2021/1/1	二季度	485
11	电子设备	打印机	2021/1/1	三季度	570
12	电子设备	打印机	2021/1/1	四季度	805
13	电子设备	打印机	2022/1/1	一季度	410
14	电子设备	打印机	2022/1/1	二季度	835
15	电子设备	打印机	2022/1/1	三季度	675
16	电子设备	打印机	2022/1/1	四季度	820
17	电子设备	电话机	2019/1/1	一季度	245
18	电子设备	电话机	2019/1/1	二季度	340
19	电子设备	电话机	2019/1/1	三季度	370
20	电子设备	电话机	2019/1/1	四季度	440
21	电子设备	电话机	2020/1/1	一季度	210
22	电子设备	电话机	2020/1/1	二季度	460
23	电子设备	电话机	2020/1/1	三季度	405
24	电子设备	电话机	2020/1/1	四季度	485
25	电子设备	电话机	2021/1/1	一季度	205
26	电子设备	电话机	2021/1/1	二季度	430
27	电子设备	电话机	2021/1/1	三季度	490
28	电子设备	电话机	2021/1/1	四季度	940
29	电子设备	电话机	2022/1/1	一季度	505
30	电子设备	电话机	2022/1/1	二季度	685

图 6-33　最终转换结果

注：年列数据包含月日，是 Power Query 自动生成的日期格式。

6.7.4　$N \times M$ 层级结构化表格

在现实工作中我们也许还会遇到更复杂的结构化表格，比如 3×2、3×3 层级的结构化表格。通过前面示例的学习，我们可以总结出的核心规则是：行标题上的多层标题需要在填充后合并列，列标题上的多层标题则需要转置后填充。我们用 N 表示行标题的层级数，用 M 表示列标题的层级数，则 $N \times M$ 层级结构化表格转换过程的具体步骤如下。

（1）在 Excel 中行维度的前 $N-1$ 列都有合并单元格，所以需要向下填充前 $N-1$ 列。

（2）使用指定分隔符合并行维度的前 N 列，此时表格转化为 $1 \times M$ 层级的情形。

（3）转置。

（4）列维度的前 $M-1$ 列都包含合并单元格，所以需要向下填充前 $M-1$ 列。

（5）提升标题。

（6）选中前 M 列，逆透视其他列。

（7）将属性列按指定分隔符拆分列。

（8）重命名。

我们以 3×2 层级结构化表格为例，如图 6-34 所示。行标题上有年、季度和月份这 3 个维度，列标题上有产品种类和产品名称两个维度。

				家具		
年	季度	月份	沙发	书柜	椅子	桌子
2021年	一季度	1月	165	30	110	120
		2月	40	30	55	65
		3月	70	45	90	65
	二季度	4月	65	65	60	60
		5月	100	40	95	130
		6月	145	110	165	135
	三季度	7月	55	25	75	75
		8月	50	85	200	105
		9月	140	75	225	160
	四季度	10月	120	90	155	175
		11月	170	90	225	290
		12月	95	155	205	140

图 6-34　3×2 层级结构化表格

这种情形下的主要处理步骤及对应的 M 函数如下。

（1）向下填充前两列，即年与季度列，对应 M 函数：Table.FillDown()。

（2）使用分隔符"|"合并年、季度和月份这 3 列，对应 M 函数：Table.CombineColumns()。

（3）转置，对应 M 函数：Table.Transpose()。

（4）向下填充第一列，即产品种类列，对应 M 函数：Table.FillDown()。

（5）提升标题，对应 M 函数：Table.PromoteHeaders()。

（6）选中前两列，逆透视其他列，对应 M 函数：Table.UnpivotOtherColumns()。

（7）按分隔符"|"拆分属性列，对应 M 函数：Table.SplitColumn()。

（8）重命名列，对应 M 函数：Table.RenameColumns()。

通过以上 8 步就可以完成 3×2 层级结构化表格的降维转换。

既然数据转换的过程是固定的，借助 M 函数就可以将整个过程"打包"成自定义函数。自定义函数时最重要的操作之一是找到标准化输入的部分，也就是函数的参数部分。然后明确相应步骤需要用到的 M 函数及其参数的类型。结合我们之前讲过的"移花接木"法和多层嵌套方法，就能轻松完成整个过程。

此案例中我们可以将源表、列维度及行维度作为参数建立自定义函数。行及列维度以列表的形式提供，以标题为成员，比如，行标题是 { 年 , 季度 , 月份 }，列标题是 { 产品种类 , 产品名称 }。通过 List.Count() 函数可以获得 N 及 M 的值。通过文本参数指定逆透视以后数值列的名称，如销量或者销售额。

因此我们将自定义函数的参数标准化为以下方式：

```
（源表，行标题，列标题，值名称）=>
```

自定义函数需要声明以下 4 个参数。

（1）源：用于转换的源表，就是加载到 Power Query 中的数据表。

（2）行标题：包含行维度标题的列表，需要以列表的形式输入。

（3）列标题：包含列维度标题的列表，需要以列表的形式输入。

（4）值名称：逆透视后数值列的名称，需要以文本形式输入。

对于函数的主体，我们可以结合之前的转换步骤进行修改，选择的查询需要是行及列维度都大于或者等于 2 的。这里我们复制查询"2×2 层级"并进行修改。修改以后的自定义函数如图 6-35 所示。

图 6-35 自定义表格降维函数

自定义表格降维函数的 M 代码如下。

```
(源表，行标题，列标题，值名称)=>
let
    所有表列 = Table.ColumnNames(源表),
    N = List.Count(行标题),
    M = List.Count(列标题),
    //提取表列及N、M的数值，方便后续步骤直接调用
    向下填充行 = Table.FillDown(源表,List.FirstN(所有表列,N-1)),
    合并列 = Table.CombineColumns(向下填充行,List.FirstN(所有表列,N),
                Combiner.CombineTextByDelimiter("|", QuoteStyle.None),"已合并"
                ),
    转置表 = Table.Transpose(合并列),
    //填充行标题后，转置表
    向下填充列 = Table.FillDown(转置表,List.FirstN(所有表列,M-1)),
    提升标题 = Table.PromoteHeaders(向下填充列, [PromoteAllScalars=true]),
```

```
        逆透视其他列 = Table.UnpivotOtherColumns(提升标题,
                        List.FirstN(Table.ColumnNames(提升标题),M),
                        "属性", 值名称),
    //填充并提升列标题,后逆透视
    按分隔符拆分列 = Table.SplitColumn(逆透视其他列, "属性",
                    Splitter.SplitTextByDelimiter("|", QuoteStyle.Csv),
                    行标题
                    ),
    重命名列 = Table.RenameColumns(按分隔符拆分列,
                List.Zip(
                {
                 List.FirstN( Table.ColumnNames(按分隔符拆分列),M),
                 列标题
                })
                )
    in
    重命名列
```

降维函数定义好以后就可以在应用步骤中直接调用了。调用函数时需要保证参数的格式是正确的。源表的顶端不能有空行,也不能有其他无关的空列。行标题及列标题按要求以列表的形式提供,且按正确的顺序列出。所有的标题都需要是文本类型的。比如转换 3×3 层级结构化表格时,按以下格式调用函数即可。

```
=降维函数(源表,{"年","季度","月份"},{"地区","产品种类","产品名称"},"销售额")
```

降维函数适用于任意 $N×M$ 层级结构化表格,对于 1×1、2×1、2×3 等层级的结构化表格同样适用。读者可自行在示例文件中尝试。自定义函数涉及较多的 M 函数的语法与应用,定义和使用自定义函数的过程中可以查阅 M 函数帮助信息。

第 7 章　Excel BI 的进阶之路

7.1　从 QAT 到 Excel BI 选项卡

我们在使用 Microsoft Office 系列软件时，可能遇到过功能太多，难以快速定位的问题。为了解决这个问题，这些软件给我们提供了快速访问工具栏（Quick Access Toolbar，QAT）。我们可以将 Power Query 及 Power Pivot 中部分常用功能添加到快速访问工具栏中。比如我们可以将"新建度量值"选项添加到快速访问工具栏，鼠标指针悬停在该选项上方时，单击鼠标右键，在弹出的菜单中选择"添加到快速访问工具栏"即可，如图 7-1 所示。

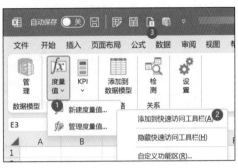

图 7-1　添加到快速访问工具栏

快速访问工具栏默认是在功能区上方的，单击快速访问工具栏最右边的 ▾（或者在此处单击鼠标右键），可以调出"自定义快速访问工具栏"菜单，选择"在功能区下方显示"，可以将快速访问工具栏调整到功能区下方，这样调用工具更方便、快捷，如图 7-2 所示。

图 7-2　在功能区下方显示快速访问工具栏

除此之外，我们还可以通过 Excel 的自定义功能区定制"Excel BI"选项卡。在"Excel 选项"对话框中，选择"自定义功能区"，然后就可以通过"新建选项卡"自定义个性化的功能区选项卡，如图 7-3 所示。

启动 Power Query 编辑器就是常用的功能，我们可以将它放在自定义的选项卡中。单击"新建选项卡"，在"从下列位置选择命令"下拉列表中选择"所有命令"，在命令列表框中找到想要添加的命令，单击"添加"，如图 7-4 所示，即可将其添加到新建的选项卡下的新建组中（命令只能添加到组中）。

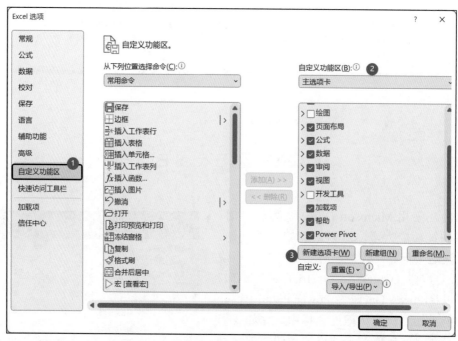

图 7-3 自定义功能区

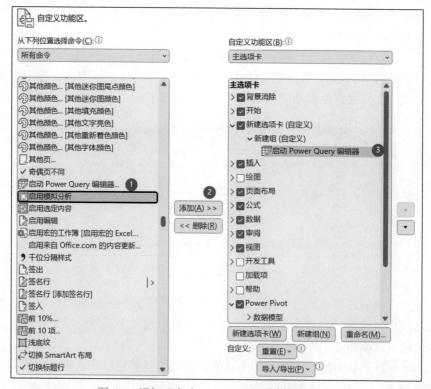

图 7-4 添加"启动 Power Query 编辑器"命令

通过单击"新建选项卡"右侧的"新建组"可以增加新的命令组，通过单击"重命名"可以命名新建的选项卡及组。我们从所有命令中找到智能化 Excel 相关的命令，并将它们分成"数据获取""数据建模""数据分析""数据可视化""其他辅助工具"5 组添加到自定义选项卡"Excel BI"中，如图 7-5 所示。

完成以上设置，单击"确定"以后，Excel 功能区中就会出现兼具个性与实用性的自定义选项卡"Excel BI"，如图 7-6 所示。

自定义好的选项卡还可以导出成文件以保存或者分享。以上工具栏笔者已经导出成文件，放在随书资源中提供给读者，读者只需单击"Excel 选项"对话框中的"导入/导出"即可导入使用。

图 7-5 自定义"Excel BI"选项卡

图 7-6 集合智能化 Excel 功能的"Excel BI"选项卡

7.2 Excel BI 的 5 个实用小技巧

当数据导入 Power Pivot 或者 Power Query 的时候，Excel 在后台会根据加载到模型的数据自动判断数据的特点，并自动应用某些步骤。数据规范时这能给我们带来很大的便利，但当脏数据较多、数据模型复杂时，这些默认设置就会带来麻烦。有些 Excel 的默认设置更改以后会更符合我们的需求。本节介绍的 5 个小技巧就从提高模型计算效率及改善用户使用体验出发，修改 Excel BI 中的默认设置。

7.2.1 取消类型转换

在 Power Query 编辑器中，单击"文件"→"选项和设置"→"查询选项"，在"查询选项"对话框中选择"全局"→"数据加载"→"从不检测未结构化源的列类型和标题"，如图 7-7 所示。

选择该选项以后，Power Query 在数据加载时都不会自动检测列的数据类型及标题。更改数据类型是修改列名后最容易导致刷新错误的原因之一。因此更改数据类型的步骤尽量自行设置，并且越往后设置越好。同时，数据类型转换要消耗计算内存，因此在把行和列都减少，即清洗步骤基本完成时进行转换也有利于提升计算效率。

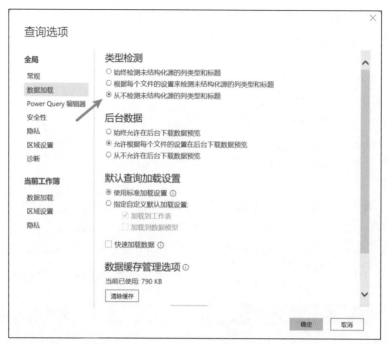

图 7-7　取消自动检测列数据类型及标题

7.2.2　取消自动日期分组

当我们在数据透视表中使用日期字段时，数据透视表会自动创建日期的层级结构，如图 7-8 所示。如果数据透视表是基于 Power Pivot 数据模型建立的，Power Pivot 会自动在包含日期列的表中创建一组计算列，它们包含年、月、季度等。

图 7-8　数据透视表自动创建的日期层级结构

如果表中有多个日期列，比如订单日期、支付日期及发货日期等，则 Power Pivot 会自动创建多个与日期相关的字段（日期表），最终造成数据冗余、文件大小增加，而且自动创建的日期表也无法满足数据模型的需求，最终还需要建立专门的日期表。在 Excel 中，选择"文件"→"选项"，在打开的"Excel 选项"对话框中选择"数据"，勾选"在自动透视表中禁用日期 / 时间列自动分组"，如图 7-9 所示。

图 7-9　勾选"在自动透视表中禁用日期 / 时间列自动分组"

7.2.3　减少使用关系检测

当加载的数据来自非常规范的数据库时，自动检测关系可以很好地帮助我们轻松建立表间关系。但实际应用中会出现检测无效甚至出错的情况。搭建 Power Pivot 数据模型时，手动处理每一处细节，比让 Excel "黑箱操作"更好。出于以上原因，笔者建议尽量不要过度依赖 Excel 的自动检测关系功能，而是自定义关系。

在跨表使用字段构造数据透视表时，如出现自动检测关系对话框，只需要检查数据模型的关系是否完整建立。确定已经建立完整的关系，可以直接关闭自动检测关系对话框，单击黄色通知区域右边的 × 即可，如图 7-10 所示。

图 7-10　自动检测关系对话框

7.2.4 设置默认加载方式

一般而言，在 Power Query 中将数据清洗完毕以后，将查询加载到 Power Pivot 内部数据模型，对数据进行下一步的分析和计算。如果我们经常将 Power Query 及 Power Pivot 结合使用，可以将"加载到数据模型"设置为数据加载的默认选项。在 Power Query 编辑器中，选择"文件"→"选项和设置"→"查询选项"，在"查询选项"对话框中勾选"全局"→"数据加载"→"加载到数据模型"，如图 7-11 所示。

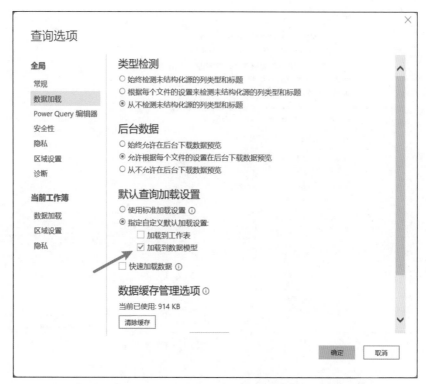

图 7-11 默认加载到数据模型

7.2.5 修改返回最大记录数

我们知道双击 Power Pivot 数据透视表中的值可以返回数据明细。这一功能在我们查看数据明细，核对计算结果时非常有用。但是默认情况下，它只能返回 1000 行数据，而使用 Power Pivot 处理数据时，数据量一般较大，返回的数据明细限制为 1000 行是远远不够的。我们可以对数据模型的连接属性进行设置，更改该默认值。

在 Excel 中，单击"数据"→"查询和连接"，在 Excel 右侧弹出的"查询 & 连接"窗格中单击"连接"，单击鼠标右键，选择"属性"，在弹出的对话框中找到"OLAP 明细数据"，在"要检索的最大记录数"文本框中可调整返回最大记录数，如图 7-12 所示。

图 7-12 修改数据透视表返回最大记录数

7.3 查询分组与度量值表

在使用 Power Query 进行数据清洗时，查询的数量会随着我们导入数据源的增多而增加。同样地，在 Power Pivot 中，为了满足各方面的数据分析需求，度量值也会不断增加。我们可以利用查询分组功能对查询进行分类管理，对于度量值，可以借助空查询实现度量值的分类管理。

7.3.1 查询分组

当我们不断地向工作簿中增加查询时，Power Query 编辑器的查询列表会变得拥挤而无序。我们可以利用查询分组功能将 Power Query 的查询进行分门别类的管理。比如我们在数据清洗实战过程中产生的查询可以根据操作类型进行分类，建立不同的查询组，如图 7-13 所示。查询组就像一个文件夹一样将同类查询归类，并且可以折叠隐藏。

图 7-13 查询分组

建立查询组的方式很简单。在查询列表的下方单击鼠标右键，在弹出的菜单中选择"新建组"。在"新建组"对话框中，按需对查询组命名，必要时可以添加说明，如图 7-14 所示。

建立好查询组以后，可以直接将查询拖动到组中。也可以选中某个查询，单击鼠标右键，在弹出的菜单中选择"移至组"，"移至组"命令支持移动到已有的查询组。也可以选择"新建组"，建立新的查询组，如图 7-15 所示。

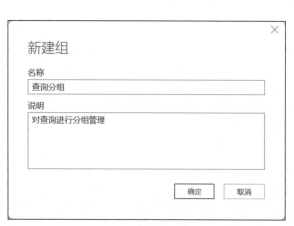

图 7-14　新建查询组

图 7-15　新建组

7.3.2　度量值表

在 Excel 的 Power Pivot 中除了简单的日期表以外，目前还不支持生成其他表。因此要实现对 Power Pivot 的度量值的分表管理需要借助 Power Query 中的空查询。因为度量值是独立于数据表存在的，也就是说它可以在表（查询）之间任意移动而不影响计算。所以我们可以借助空查询对度量值进行管理，方便后期查找和维护。度量值表如图 7-16 所示。

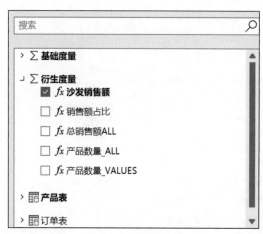

图 7-16　度量值表

（1）启动 Power Query 编辑器，新建空查询，在公式栏中输入生成空查询的 M 代码，将查询命名为"基础度量"。复制查询并将其重命名为"衍生度量"，如图 7-17 所示。

（2）将以上两个空查询加载到数据模型中，数据导入方式为"仅创建连接"，且将其添加到数据模型，如图 7-18 所示。

（3）打开 Power Pivot 窗口，分别将存放度量值的两个查询中的过渡列隐藏。选中列，然后单击鼠标右键，在弹出的菜单中选择

"从客户端工具中隐藏",如图 7-19 所示。

图 7-17 在 Power Query 中生成空查询

图 7-18 将空查询加载到数据模型

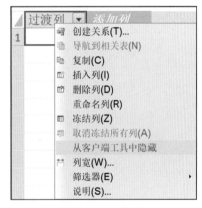

图 7-19 隐藏列

(4)按正确分类移动度量值。在数据透视表字段列表框中,选择度量值,单击鼠标右键,选择"编辑度量值",打开"度量值"对话框,从"表名"下拉列表中,选择"基础度量"或者"衍生度量",然后单击"确定"完成移动,如图 7-20 所示。

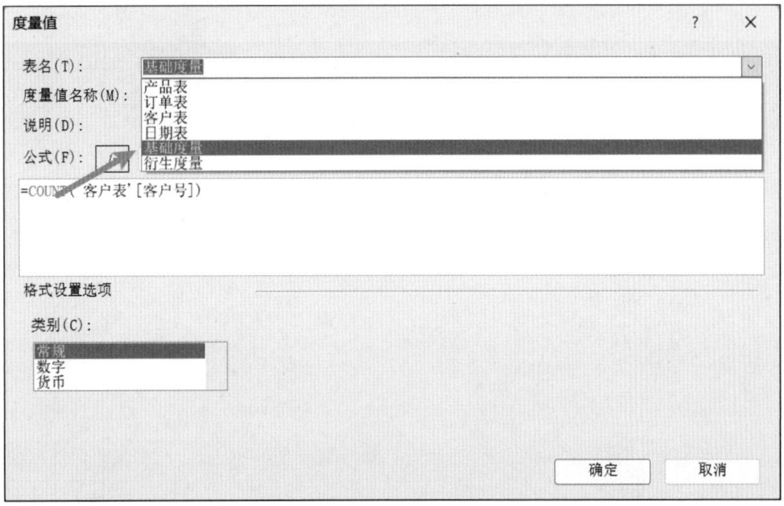

图 7-20 移动度量值